Peter A. Selwyn

SURVIVING THE FALL

THE PERSONAL JOURNEY OF AN AIDS DOCTOR

절망에서 살아남기

피터 셀윈 지음

한명희 옮김

올력

Surviving the Fall **by Peter A. Selwyn**

절망에서 살아남기

지은이 | 피터 셀윈

옮긴이 | 한명희

펴낸이 | 강동호

펴낸곳 | 도서출판 울력

1판 1쇄 | 2006년 12월 5일

등록번호 | 제10-1949호(2000. 4. 10)

주소 | 152-889 서울시 구로구 오류1동 11-30

전화 | (02) 2614-4054

FAX | (02) 2614-4055

E-mail | ulyuck@hanafos.com

값 | 10,000원

ISBN 978-89-89485-49-0 03500

· 잘못된 책은 바꾸어 드립니다.

· 옮긴이와 협의하여 인지는 생략합니다

떠나가신 나의 아버지께
머물러 주신 나의 어머니께
내 안을 보아준 나의 아내에게
나에게 무조건의 사랑을 가르쳐 준 나의 딸들에게

인간은 그들 자신의 역사를 만든다. 그러나 그들 좋을 대로 만드는 것은 아니다. 즉, 그들 스스로 선택한 환경 아래서 역사를 만드는 것이 아니라 과거로부터 직접 대면하고, 주어지고 전해진 환경 아래서 역사를 만드는 것이다.

카를 마르크스, 『루이 보나파르트의 브뤼메르 18일』, 1869

우리 모두는 우리에게 주어진 역사의 무게를 가지고 자란다. 우리의 조상들은 우리 몸 모든 세포 안에 숨어 있는 지식의 나선형 사슬 안에서 그러하듯이 우리 뇌의 더그매에도 거주하고 있다.

셜리 애보트, *Womenfolk, Growing Up Down South*, 1983

에이즈도 삶입니다. 단지 속도가 조금 빠를 뿐이지요.

자봉, 에이즈에 걸린 헤로인 중독자, 브롱스, 뉴욕, 1988

차 례

THE PERSONAL JOURNEY OF AN AIDS DOCTOR

SURVIVING

THE

FALL

일러두기

1. 이 책은 Peter A. Selwyn의 Surviving the Fall(Yale University Press, 1998)을 텍스트로 하여 번역하였다.
2. 이 책은 원서의 체제를 따랐다. 단 본문 중 일부는 편집 과정에서 생략하였다.
3. 본문에서 책과 신문, 잡지 등은 『 』로 표시하였고, 영화나 드라마는〈 〉로 표시하였다. 그리고 원서의 이탤릭 강조는 중고딕으로 표시하였다.
4. 이 책 말미의 주는 모두 옮긴이의 주이다. 그리고 본문 중 [ ]로 표시된 것도 옮긴이의 것이다.
5. 이 책에 나오는 의학 용어는 대한의사협회의 필수의학용어집(http://kamje.or.kr/term)을 기준으로 하였다. 단 여기에 수록되지 않은 용어는 그에 따르지 않았다.

감사의 말

이 책은 사랑의 작업이자, 어떤 면에서 내 안에 꽁꽁 감춰져 있던 이야기를 풀어놓는 과정이었다. 하지만 이것은 나 자신의 이야기 그 이상이다. 글을 쓰는 동안 어떤 식으로든 나에게 도움을 주신 분들이 많다. 다음에 열거하는 분들에게 특별히 감사를 표하고 싶다.

　　사랑과 믿음 그리고 따뜻한 시선으로 나를 감싸준 나의 가족에게 감사한다.

　　나의 환자들과 그 가족들에게도 감사한다. 그들은 나에게 용기와 영감을 주고 자신들의 삶을 지켜볼 수 있도록 특권을 주었다. 그들의 삶을 통해 나는 내 자신의 삶에 대해 많은 것을 알 수 있었다.

　　몬트피오르 마약 중독 치료 프로그램의 의료진으로 있는 나의 이전 동료들인 덜로러스 애도, 재너스 콜리, 어니터 이에자, 미라 새티어디오, 카런 케네디, 라파엘 토레스,

모니크 브라인델, 아넷 페인골드, 버너 로버트슨, 빌 웨서만, 어니 드러커, 마크 구레비치, 제인 쇼, 존 웰턴, 비비안 웰턴, 자크 로젠, 브라이언 솔츠만, 낸시 버먼, 완다 지미네스, 아델라 아데그보, 제리 에이헌, 발레리 발라드, 아이리스 패리스, 소카로 해밀턴, 린 메헌, 레아 테네리엘로, 그리고 마조리 니콜슨에게 감사한다. 이들은 헌신과 신념으로써 우리 환자들에게 각별한 관심을 기울였다. 더불어 몬트피오르 에이즈 연구 프로그램의 내 동료들인, 제리 프리들랜드, 밥 클라인, 엘리 쇼엔바움, 다이애나 하틀, 캐서린 데이버니, 수전 토치, 아이린 플레밍, 도너 부오노, 필 앨캡스, 마가렛 메이어스, 로즈메리 드 크로스, 밥 시카렐리, 잉그리드 사이메즈 그리고 로즈 리베라에게 감사한다. 그들은 협력과 동료애 그리고 각고의 노력으로 몬트피오르의 지하 사무실에서 조촐하게 시작한 우리 프로그램을 이전에는 생각지도 못한 수준으로까지 끌어올렸다.

이 책을 쓰기까지 나에게 소중한 충고와 의견 그리고 용기를 준 많은 사람들에게도 감사를 드린다. 특히 셔프 널랜드, 론 태펠, 버니 시겔, 피터 구자르디, 리처드 모리슨, 댄 히턴, 래리 시겔, 빅 시델, 마크 구레비치, 제리 프리들랜드, 존 얼리치, 카런 넬슨, 스탠리 마커스, 루드 마커스, 코니 피터스, 존 베이어드, 칼 슈왈츠, 스티브 바트키, 렌슬로셔러, 알 노빅, 앤 윌리엄스, 그리고 클레어 블래치포드는 이 집필 작업을 계속 진행할 수 있도록 아낌없는 성원을 해준 사람들이다.

내 책의 편집자인 예일 대학 출판부의 진 톰슨 블랙에게도 고마운 마음을 전한다. 그녀는 이 책의 출판 제의를 흔쾌히 받아들였으며, 책의 편집 과정에서 적극적이고 끊임없는 후원을 아끼지 않았다.

연세 지긋한 나의 행정 비서 어너스틴 존스에게도 감사한다. 그녀는 지난해 내내 숙달되고 꼼꼼하며 참을성 있는 모습으로, 암호에 가까운 나의 원고를 하나하나 대조해 가며 교정 작업을 해주었다.

엘리자베스 퀴블러-로스와 엘리자베스 퀴블러-로스 센터의 이전 스태프들 모두에게도 감사한다. 그들은 나의 과거와 인생을 일깨우는 데 도움을 주었다. 특히 래리 링컨, 메건 브론슨, 저네트 필립스, 쉴러 힐, 코니 토베루드, 수자 워리넨, 앨버 파야스, 로즈 라이서, 레아 애브드너, 프랭크 모나스테로, 데이비드 멀린스, 낸시 멀린스, 마크 트로머, 조운 트레이츨러, 제이콥 왓슨, 에멀린 와이드만, 애드리안 반 데 호르, 샘 프라이스, 샌디 스튜어트, 수재너 스튜어트, 앤 테일러 링컨, 셰런 토빈, 그리고 캡 이스털리가 보여 준 사랑과 후원, 우정에 감사한다. 여러분을 알게 되고, 여러분으로부터 배움을 얻고, 여러분과 함께하게 된 것은 그야말로 나에게 있어 큰 영광이고 특권이었다.

그리고 마지막으로, 진지하게, 많은 밤을 함께 지새워 준 나의 고양이 스크러비와, 1995년 가을 이 책의 배경이 되는 이야기들을 기억해 내고 구술하는 작업에 들어가기 위해 숲속을 거닐 때마다 유쾌한 동반자가 되어 준 나의 개

마야 — 그때 마야는 어린 강아지였고, 내 손에는 소형 녹음기가 들려 있었다 — 에게도 고마움을 전한다.

여러분 모두에게 진정으로 감사드린다. 여러분이 없었으면 이 일을 할 수 없었을 것이다.

들어가는 글

나는 "에이즈 의사"가 되었다. 1981년에 의과 대학을 졸업할 때만 해도 예상치 못했던 결과였다. 나는 천여 명에 달하는 HIV 감염 환자들을 돌보았고, 거의 10년 동안 이들만이 나의 유일한 환자들이었다. 이러한 경험을 통하여 내 자신은 근본적으로 변화되었고, 이제 나의 과거는 내 환자들, 특히 수백 명의 죽어간 이들의 과거와 영원히 연결되어 있다. 이 이야기는 그들의 이야기이자 나의 이야기이다.

1980년대 초에 브롱스에서 에이즈가 발병한 것은 최근에는 그 전례를 찾아볼 수 없는 사건이었다. 순진무구하고 나약한 인간들에게 예고도 없이 무시무시한 속도로 혈액을 통해 전염되는 치명적인 질병이 퍼지기 시작했다. 할렘, 브루클린, 그리고 미국과 전 세계 수많은 도심의 빈곤층에서도 이 같은 양상이 전개되었다. 이러한 공동체 내에서 에이즈는 게이들뿐만 아니라 가난한 자와 소수 민족, 주로 정맥 주사용 마약 사용자, 그들의 파트너, 그리고 어린이들에게까지 파급되었다. 나는 오래 전부터 이 질병과 이들의 이야기를 통해서 가차 없는 이 역병에 걸려 하루하루를 겨우 연명하거나 이 병으로 죽은 이름 없는 무수한 사람들을 기리고, 또 사람들이 이들에게 관심을 갖도록 하는 데 도움이 되었으면 좋겠다고 생각해 왔다. 통계가 보여 주는 인간 존재는 눈물 메마른 존재에 불과하다. 이 이야기를 통해, 나는 이 같은 냉혹한 통계로부터 조금이나마 인간성을 복원하려고 애썼다.

나는 1981년 6월 보스턴에서 브롱스로 와서 몬트피오르 메디컬 센터의 가정의학과 인턴이 되었다. 내가 하버드 의대를 졸업한 그해 그달에 질병통제센터는 첫 에이즈 환자 발생에 관해 보고하였다. 나는 1992년 1월 브롱스를 떠나 뉴헤이븐으로 왔다. 그리고 예일 의대의 조교수로 채용되어 예일–뉴헤이븐 병원의 에이즈 프로그램 관리에 일조했다. 그 십여 년 동안 에이즈는 정체 모를 질병에서 뉴욕과 세계 도처의 도심에 사는 젊은이들을 사망으로 이끄는 주범으로 탈바꿈하였다. 또한 그 시기는 내 20대 후반과 30대의 대부분을 차지했고, 그 시기에 나는 청년을 벗어나 장년으로 접어들었다. 그동안 나는 결혼을 하고 아버지가 되어 독립된 가정을 이루게 되었다. 그리고 나의 경력을 쌓았고, 내 오랜 청소년기의 세계관으로는 생각지도 못했던 내 자신의 한계와 죽음의 두려움을 맛보기 시작했다. 그러므로 이 기록은 에이즈가 한창 기승을 부릴 때의 이야기일 뿐만 아니라 내 자신에 대한 이야기이기도 하다.

이 책은 브롱스에서 에이즈의 첫 파장과 그 점진적 진행 과정을 서술하고 있다. 이를 통해 나 역시 마무리하지 못한 내 자신의 일을 알게 되었다. 내 환자들과 그들의 가족들이 겪던 고통과 상실감을 주목하게 된 나는 어렸을 때 아버지의 갑작스런 죽음 — 누가 보더라도 자살이 분명하다 — 이후 수십 년간 나도 모르는 사이에 지녀온 슬픔이라는 감정의 실체를 서서히 알아차리기 시작했다. 내 삶을 결정지은 이 사건이 어째서 없었던 일인 양 입 밖에 내지도 못하는 가족의 비밀이 되었는지 알게 되었다. 어째서 이 과거가 냉혹하게도 에이즈 전염병의 한가운데로 나를 이끌었는지 깨닫게 되었다.

또한 그사이에 나의 환자들과 그들 가족들과 얼마나 많은 것을 나누었는지도 알게 되었다. 에이즈처럼, 자살은 죽은 자나 살아남은 자 모두에게 오명을 남기는 것이며, 치욕, 죄의식, 그리고 비밀에 휩싸이게 하는 그런 것이다. 그 결과 모든 것이 산산이 부서지지만, 그에 대해 알려고 해서도, 심지어는 그 이름조차 거론해서도 안 된다. 그것은 살아남은 자들이 그 오명에 더럽혀지지 않으려는 마음에서일 것이다. 하지만 에이즈와 자살 모두, 산자들은 침묵 가운데 고통스러워해야 하며, 상처를 치유할 수도 없다. 에이즈와 마찬가지로, 자살은 인간 생명의 자연적인 순환에서 벗어나는 끔찍스러운 비정상이다. 젊은이들이 때가 되기도 전에 죽는다는 점에서 그러하다. 나의 환자들 이야기가 나에게 강렬한 인상을 남긴 것도 놀라운 일은 아니다. 나는 그들의 고통을 덜어 주기 위해 부단히 노력했지만, 그건 내 자신의 고통을 감추기에 급급한 것이었다는 것도 놀라운 일은 아니다.

과거를 재발견함으로써, 나는 아버지에 대한 상실감에서 비롯된 무의식적 반작용으로 인해 가족과의 시간을 줄여 가며 지나치게 일과 환자들에게 매달리게 되었음을 알게 되었다. 나는 에이즈에 걸린 마약 중독 환자들에 둘러싸여 여러 해를 보낸 후에야 비로소 일에 빠져 있는 나의 모습과 헤로인을 복용하는 그들의 모습이 얼마나 닮은 것인지 깨닫게 되었다 ― 희열을 느끼고 고통을 멀리한다는 점에서 그러하다. 종종 자신과 가장 가까운 사람들을 팽개친 채 말이다. 내가 안간힘을 다 쓴다 하더라도 또 대단한 업적을 쌓고 유명해진다 하더라도 아버지를 죽음에서 구할 수 없듯이, 내 환자들을 구할 수 없다는 사실을 깨닫는 데에도 여러 해가 걸렸다. 그리고 내가 많은 환자들의 생명을 조금 더 연장시키기 위해 노력한다 해도 아버지를 살아나게 할 수 없다는 사실도 오랜 시간이 지난 후에야 알게 되었다.

죽어가는 젊은 부모들을 지켜보면서, 나는 난생 처음으로, 아버지가 있다는 것과 아버지가 된다는 것의 의미를 서서히 이해하게 되었다. 이러한 깨달음의 과정을 통하여 나는 나의 개인적 과거, 또 이것이 만들어 낸 오명과 가족의 비밀, 결국 아들로서, 남편으로서, 두 아이의 아버지로서, 또 의사로서 내 자신의 역할과 타협하게 되었다. 나에게는 이 과정이야말로 전염병의 한복판에 서서 치료하고, 죽음의 한복판에 서서 생명의 회복을 부르짖는 여정이었다.

나로서는 에이즈 분야에서 일하는 전문가들과 개인적으로 이 전염병과 관계있는 사람들뿐만 아니라 여러 분야의 독자들이 이 책에 관심을 가져 주었으면 하는 바람이다. 여기서 제시된 문제는 우리 모두와 관련 있기 때문이다. 사실 참여자이면서 관찰자인 내가 이 이야기에 이끌려 들어가지 않을 수 없었던 것은, 부분적으로는 내 환자들이 매일매일 겪는 병과의 투쟁이라는 특수성 속에 인간 경험의 보편성이 존재하기 때문이었다. 내가 접하게 된 삶들, 내가 목격한 투쟁들은 그 자체만으로도 눈에 띄는 것일 뿐만 아니라 내 자신의 삶과 연관 지어 볼 때 참으로 감동스러운 것이었다. 한 환자가 나에게 말했듯이, "에이즈도 삶입니다. 단지 속도가 조금 빠를 뿐이지요." 또한 엘리자베스 퀴블러-로스가 말했듯이, "아무도 살아서는 이 인생을 빠져나오지 못한다." 우리 모두가 똑같은 도전에 맞서다가 종국에는 우리의 삶, 죽음, 그리고 상실감과 타협해야 하지만, 에이즈는 이 같은 전개에 강렬한 조명을 비추며 극적 투명성을 부여한다.

이 파괴적인 전염병에 어떤 숨은 은혜가 있다면 — 힘들더라도 이 은혜를 찾아야 할 것이다 — 삶을 매우 분명하게 규정짓는다는 것인데, 에이즈는 감염된 사람들이나 이들을 돌보는 사람들 모두를 보다 고양된 자아에 대한 인식, 관용, 그리고 구원으로 이끌어 준다는 점이다. 삶을 위협하는 다른 종류의 질병이나 도전과 마찬가지로, 아니 그보다 더 강렬하게, 에이즈는 우리에게 두려움, 고통, 그리고 어둠을 경험하도록 하고, 또 그 반대편으로 빠져 나올 수 있는 기회를 준다. 어둠을 인식하고 이를 통과하는 것은 남을 잘 배려하고 도움을 줄 수 있는 사람이 되는 데 있어 필수적인 조건이다. 그렇지 않다면, 이는 우리가 진정으로 존재하기 위한 노력에 방해가 되는 무의식적 장애물이 될 것이다.

에이즈는 그 모습을 드러내고 첫 10년 동안 겉치레, 기만, 그리고 삶이 영원할 것이라는 치기 어린 망상을 순식간에 앗아가 버리는 가혹한 빛과 같았다. 에이즈는 환자들과 이들의 보호자들을 작은 연대감으로 단결시켰다. 그들은 자신들이 이 병을 중지시킬 수 없다 해도 최소한 병의 고통을 같이하는 서로의 동반자가 되겠다는 약속은 할 수 있었던 것이다. 바로 이 같은 목격자와 동료로서의 역할 속에서 나는 의사로서 참되고 가장 중요한 역할을 발견하였다.

이제 갈망하던 에이즈 치료제 개발도 기대할 수 있는 시기가 되었다. 브롱스에서 이 전염병이 극성을 부리던 첫 10년과는 매우 대조적으로, 우리 모두는 그저 지켜만 보지 않고 환자들과 어깨를 나란히 하고 이 병을 헤쳐 나갈 수 있게 되었고, 그 결과 이제 에이즈가 — 완치까지는 아니더라도 — 치료 가능한 질병이라는 인식을 갖게 되었다. 이는

임상의로서 매우 기쁜 소식이 아닐 수 없다. 그렇다고 환자
와 의사 사이에 존재하는 직접적인 인간적 연관이 끊어지
지 않았으면 하는 바람이다. HIV 치료제의 기술적 복잡성
이 환자–의사 관계에 스며들기 시작해도, 또 의사가 삶과
죽음에 대한 애타는 심정에서 벗어나서 기계니 약리학이
니 임상 실험이니 하는 것으로 얽히고설킨 숲속으로 피신
하고 싶은 마음이 들더라도 말이다.

나는 에이즈 전염병이 미래에 어떤 경로를 밟게 될지,
보다 정확히 말해서 에이즈 환자를 다루는 의사로서 내 자
신이 어떤 일을 하게 될지 예측할 수는 없다. 하지만 확실
한 것은, 돌이켜보건대, 내가 이제까지 걸어온 것과 전혀
다른 길이거나 나에게 더 잘 맞는 길이 있으리라는 상상을
할 수 없다는 것이다. 이 책은 에이즈와 함께한 내 자신의
여정의 시작과, 그리고 그 길을 가면서 느끼게 된 개인적
각성의 과정을 담고 있다. 나는 이 책을 하나의 지침으로서
가 아니라 한 여행자의 이야기로서 독자에게 바친다. 이 이
야기가 어떤 식으로든 여러분 자신의 이야기에 하나의 메
아리가 될 수 있기를 바란다.

1. 몰두

처음에 나를 무엇보다 놀라게 한 것은 많은 아버지들이 젊은 나이에 죽는다는 사실이었다. 처음에는 서른다섯 살 된 아버지 한 사람, 그 다음 두 사람, 세 사람, 나중에는 엄청나게 많은 젊은 아버지들이 병원으로 왔고, 짧은 투병 생활 끝에 죽었다. 아내와 어린아이들이 도저히 믿을 수 없다는 듯이 하얗게 빛나는 병원 복도를 우왕좌왕하는 동안 그 젊은 아버지들은 폐렴이나 다른 사소한 질병에 쓰러져 죽어 갔다. 너무도 갑자기 그리고 아무런 예고도 없이 그들의 가정은 잔인하게 파괴되었다. 내가 인턴이었던 1981년 여름까지도 우리는 전혀 생각하지 못하고 있었지만, 에이즈는 그때 이미 그렇게도 끔찍하게 브롱스[1] 지역으로 밀려 들어왔던 것이다.

나는 아직도 1981년 8월에 만났던 가브리엘이라는 환자를 기억하고 있다. 그는 서른다섯 살의 푸에르토리코 출신으로 정맥 주사용 마약 사용자였으며, 내가 맡은 첫 번째 에이즈 환자였다. 내가 그를 처음 보았을 때, 그는 이미 우리 병원 응급실에 여러 번 실려 온 적이 있다고 했다. 기침이 끊이질 않고 숨이 가빴기 때문이었다. 그리고 그때마다 병원에서 항생제를 처방받아 집으로 돌아갔다고 했다. 그의 증세는 처음에는 기관지염으로, 나중에는 폐렴으로 판단되었기 때문에 그에 맞는 치료를 해주었다. 일주일 후에 그가 다시 구급차에 실려 왔을 때, 그는 한 문장을 말하는데에도 몇 번씩 숨을 헐떡거릴 만큼 심한 호흡 장애를 겪고 있었다. 들것에 실려 응급실로 옮겨진 그는 간절한 눈빛으로 우리에게 살려달라고 애원했다. 그의 아내와 다섯 살짜리 딸은 걱정스러운 듯 그를 지켜보고 있었다. 가브리엘을 중환자실로 들여보낸 우리는 그가 지독한 박테리아성 폐렴에 걸린 거라고 판단하여 강한 항생제를 주사했다. 그러나 그것마저도 48시간이 지나도록 아무런 효과가 없었다. 그의 상태가 점점 더 나빠지자 우리는 기관지 검사를 실시했고, 검사 결과 그는 PCP, 즉 뉴모시스티스 카리니 폐렴 Pneumocystis carinii pneumonia에 걸린 것으로 판명되었다. 그것은 매우 "희귀한" 증상으로 면역 체계가 극도로 약해진 환자들에게서만 나타나는 것이었다.

　　그전에도 우리는 마약 사용자들이 PCP에 걸린 경우를 몇 번 본 적이 있었다. 그들의 증세는 그때 막 뉴욕과 캘리포니아에서 나타나기 시작했던 뉴모시스티스에 걸린 젊은 게이들이 보이는 증세와 아주 비슷했다. 1981년 여름, 지금은 친구이자 동료인 제럴드 프리들랜드가 보스턴을 떠나 브롱스로 왔다. 내가 제리[제리는 제럴드의 애칭]를 알게 된 것은 하버드 의대에 다닐 때였는데, 제리는 당시 하버드 의대의 인기 있는 젊은 교수였다. 내가 몬트피오르 병원에서 인턴으로 근무하고 있던 그해 여름, 마침 그가 그 병원의 내과 담당 겸 전염병 전문의로 오게 되었다. 브롱스에 도착한 지 얼마 지나지 않아 제리와 그의 동료들은 설명할 수 없는 면역 결핍과 특이한 감염 현상이, 앞에서 이야기했듯이, 게이들이 보이는 것과 비슷한 증세를 동반한 채 정맥 주사용 마약 사용자들 사이에서 나타나기 시작했다는 사실을 알게 되었다.

1981년 말, 맨해튼에서 열린 의학 회의에 참석하고 있던 제리는 거기서 질병통제센터의 한 담당관이 새로운 면역 결핍 증상에 대해 이야기하는 것을 듣고는 이 내용을 떠올릴 수 있었다. 그는 회의가 끝난 후 회의장으로 내려가 질병통제센터 담당관에게 가브리엘을 비롯한 몇몇 환자에게서 나타나는 증세들에 대해 설명했다. 제리가 이것을 게이들에게서 발견되는 것과 똑같은 현상인 것 같다고 주장하자 질병통제센터 담당관은 그럴 리 없다고 딱 잘라 말했다. 질병통제센터 담당관은 이 증상이 게이한테서만 나타난다고 확신하면서, 우리 병원의 마약 중독 환자들은 다른 경로로 병에 걸린 것이 분명하다고 말했다. 그러나 1년 후인 1982년 말, 질병통제센터는 정맥 주사용 마약 사용자들이 에이즈 감염 위험 집단이라는 사실을 확인하는 내용의 보고서를 최초로 제출했다.

PCP에 대한 치료에도 불구하고 가브리엘의 상태는 점점 더 악화되었다. 그의 혈중 산소치가 엄청나게 떨어졌기 때문에 폐까지 관을 연결하고 산소 호흡기를 달아야만 했다. 게다가 그 당시에는 뉴모시스티스를 치료하는 데 사용되는 약물인 펜타미다인을 구하려면 질병통제센터에 특별요청을 해야 했다. 그곳이 미국에서는 그 약을 구할 수 있는 유일한 기관이었기 때문이다(실제로, 펜타미다인에 대한 수요가 급격히 증가하였기 때문에 질병통제센터 조사관들은 뉴욕과 캘리포니아 젊은이들 사이에서 만연한 PCP 환자들을 검사하게 되었다. 애틀랜타에 약을 요청하면 페더럴 익스프레스가 그것을 밤새 운반해 주었다).

산소 호흡기를 단 후 조금 나아진 가브리엘은 새로운 약물 치료를 받게 되었다. 그러나 곧 비정상적인 혈액 응고와, 펜타미다인 중독과 관련된 신장 이상으로 합병증이 생기기 시작했다(펜타미다인은 효과도 있었지만 심각한 부작용을 일으키는 경우가 더 많았다). 몸이 조금씩 제 기능을 잃어감에 따라 가브리엘은 우리에게 조금만 더 살게 해달라고 애원했다. 그러나 우리는 그렇게 해줄 힘이 없다는 사실을 알고 있었다.

가브리엘에게 집중 치료를 시작한 지 열흘이 지난 어느 날 아침, 그의 심장 박동이 멈추었다. 심장 소생 전문팀이 신속하게 가브리엘의 병실로 소집되었다. 그러나 의사들이 가운, 수술 장갑, 마스크 같은 보호 장비를 착용하는 동안 가브리엘의 상태는 급격히 악화되었다. 마침내 준비를 끝낸 의사들이 가브리엘의 방에 다 모였을 때, 환자의 동공은 이미 움직임을 멈추고 확장되어 있었다.

나는 가브리엘의 아내를 만나기 위해 밖으로 나갔다. 그녀는 뭐라고 중얼거리기도 하고 훌쩍거리기도 하면서 벽에 기대어 있었다. 그 옆에는 그녀의 딸아이가 땋은 머리를 빙빙 꼬면서 눈을 크게 뜬 채 조용히 서 있었다. 그 최후의 순간에 나는 너무나 가슴이 아팠다. 가브리엘의 아내는 미망인이 되기에는 너무 젊어 보였고, 그녀의 딸아이는 아버지 없이 엄마하고만 살기에는 너무 어려 보였다. 어색하고 불편한 느낌이었지만, 나는 가브리엘의 아내와 몇 분간 이야기를 나누었다. 그리고 두 사람이 브롱스의 밤거리로 천천히 걸어가는 뒷모습을 바라보았다. 오직 고통만이 그들과 함께할 뿐이었다.

15년이 지난 지금도 그때 일을 생각하면, 가브리엘의 얼굴과 함께 에이즈로 죽은 다른 수백 명의 환자들의 얼굴이 떠오른다. 나는 아직도 그들의 눈빛을 잊지 못한다. 그리고 내가 들어줄 수 없었던 그들의 마지막 간청도 잊을 수 없다. 천사 가브리엘이 성서에서 그랬던 것처럼 나의 환자 가브리엘은 앞으로 어떤 일이 일어날지 알려 주는 전령이었으며, 그 당시만 해도 내가 어렴풋이 짐작만 하고 있었을 뿐이던 시대의 전조였다(가브리엘을 제외하고 이 책에 있는 환자들의 이름은 모두 가명으로 했다. 환자들의 상황 역시 조금씩 바꾸었다).

*

브롱스에서 일한 지 10년쯤 지난 어느 여름날 밤, 퇴근을
하고 집으로 가는 길에 한 환자의 장례식에 찾아갔던 일이
떠오른다. 손으로 직접 쓴 부고장을 보니 장례식이 치러지
는 집은 이스트 브롱스에서도 내가 잘 모르는 구역에 있었
다. 나는 브롱스 지역의 지도를 확인해 가며 그 집을 찾아
갔다. 크로토나 공원에서 가까운 곳으로, 중증 마약 중독자
들이 많다고 알려진 곳이었다. 장례식이 치러지고 있는 집
은 그 블록에 있는 몇 안 되는 건물 중 하나였다. 건물 측면
에는 버려지거나 나무판자로 둘러싼 건축 자재들이 널려
있었고, 길 건너편에는 잡석들이 쌓인 공터가 있었다.

　　나는 그 건물 앞에 주차를 하고 불빛이 어슴푸레하게
비치는 집안으로 들어갔다. 내가 가본 다른 장례식 집들과
는 달리 방문객을 맞이하는 방이 하나뿐이었고, 그곳 문도
현관 입구 쪽과 가까웠다. 나는 그곳으로 들어간 후 뒤에
앉아서 잠시 동안 가만히 지켜보았다. 그곳에는 단지 두 사
람뿐이었다. 촛불이 타고 있는 방은 그림자로 너울거렸다.
열어 놓은 관은 꽃으로 둘러싸여 있었다. 그때 경찰차의 사
이렌 소리가 정적을 깼다. 잠시 후, 경찰차의 번쩍이는 붉
은 불빛이 바깥 유리를 통해 들어와 벽 위에서 짧게 흔들렸
다.

　　나는 일어나 관으로 다가갔다. 그러면서 죽은 내 환자,
발레리와 나누었던 마지막 대화를 떠올렸다. 그녀는 재치

있고 유쾌한 농담을 잘했지만 살아야겠다는 의지는 놓아
버렸다. 아주 오랫동안 그녀는 죽음과 맞서 싸웠다. 자기
자신을 위해서도 그랬지만 대부분은 열한 살 난 딸을 위해
서였다. 그러나 더 이상 투병할 수 없을 만큼 지쳤을 때, 그
녀는 너무나 간단히 모든 것을 놓아버렸다.

　나는 관 앞에 서서 머리를 숙여 죽은 자를 내려다보았
다. 놀랍게도 관 속에 누워 있는 사람은 발레리가 아니었
다. 발레리는 40대의 흑인 여자였다. 그러나 관 속에 누워
있는 사람은 히스패닉계로, 뺨이 움푹 팬 젊은 남자였다.
20대 후반쯤 된 것 같았다. 나는 놀랍기도 하고 당황스럽기
도 해서 잠시 동안 거기에 그대로 서 있었다. 발레리는 아
직 살아 있는 게 아닐까 하는 우습지도 않은 생각이 머리를
스쳐 지나갔다. 그리고 이 젊은 남자 역시 에이즈로 죽었음
을 확신하면서, 나는 이 도시의 소외된 다른 이웃들의 장례
식장에서도 에이즈가 인간을 위해 준비한 시나리오가 착
착 진행되고 있는 것이 분명하다는 우울한 사실을 깨달았
다. 죽은 자를 앞에 둔 가족들이 아무리 슬퍼하더라도 마찬
가지다. 젊은이들, 부모들, 어린아이들, 남편들과 아내들,
형제들과 자매들이 모두 이러한 종말을 맞게 될 것이다. 결
국 우리 모두는 에이즈 바이러스의 목표, 즉 대상을 찾아내
고 파괴시킬 뿐인 그 명확한 목표에 의해 연결되어 있었다.

　나는 그 젊은 남자의 영혼이 무사히 하늘나라로 가기
를 빌면서 조용히 그 방을 나왔다. 병원 사무실에 전화를
해본 다음에야 연락에 문제가 있었음을 알았다. 발레리의

장례식이 그날 저녁인 것은 맞았지만 주소가 달랐던 것이다. 그녀의 집은 브롱스의 정반대쪽, 발렌틴 애버뉴를 지나 번사이드 근처에 있었다. 나는 차에 올라탄 다음 어두워진 거리로 차를 몰았다. 비슷비슷해 보이는 거리를 계속 지나가야 했기 때문에 도착하는 순간까지도 장례식장을 잘 찾을 수 있을지 걱정스러웠다. 장례식이 치러지는 집 안으로 들어가자 발레리의 어머니와 딸이 관 위에 엎드려 훌쩍거리고 있는 모습이 보였다. 슬프게도 이번에는 제대로 찾아왔다는 것을 알 수 있었다.

에이즈라는 대역병의 한가운데 선 의사로서, 내 인생을 이곳으로 이끈 모든 것에는 셀 수 없이 많은 작고 중대한 길들이 있었다. 이따금씩 길을 잃어버린 것 같은 느낌을 받기도 했지만, 결국 지도를 따라 걸어온 것처럼 확실하게, 지금의 운명으로 이끌려 왔다는 생각이 든다. 그 당시에는 의식하지 못했다 하더라도 말이다. 내가 어떤 길을 왜 지나왔는지를 분명히 인식하게 된 이후에야 그것을 알 수 있었다. 그렇지만 내 운명에 다다르기 위한 여정의 대부분은 집으로 돌아가는 것을 의미했다. 이 기억들은 나의 근원으로 돌아가는 과정을 기록한 것이다.

*

에이즈를 향한 나의 길은 1954년 봄, 뉴욕의 퀸즈에 있는 플러싱 병원에서 내가 태어나면서 시작되었다. 나는 몇 번의 유산 끝에 어렵게 태어난 첫 아이였다. 우리 가족은 잠시 동안 프레쉬 메도우에 있는 정원이 딸린 공동 주택에서 살았고, 아버지는 1955년 가을 내가 아버지에 대한 추억을 갖기에는 너무나 어린 나이에 갑자기 돌아가셨다.

내가 아버지의 죽음에 대해 질문할 수 있을 만큼 컸을 때 내가 들은 것은 아버지가 시내에 있는 높은 빌딩 창에서 갑자기 떨어졌다는 이야기였다. 그 이야기는 너무나 설득력이 없었기 때문에 나는 이 단순한 설명을 그대로 받아들여야 할지, 아니면 당분간 아무것도 묻지 않고 가만히 있다가 시간이 더 흐른 후에 그때 다시 물어보아야 할지 알 수가 없었다. 돌아가시기 전에는 어땠는지에 대해서도 역시 아는 것이 거의 없었다. 그래서인지 나는 언제나 공허했고, 내 마음 한쪽에는 무엇인가 의심스러운 것이 남아 있었다. 비록 내 삶에서 무엇인가가 결여되어 있다는 사실을 제대로 알아차리지 못했다 하더라도 말이다. 나중에 의사가 되어 에이즈로 죽어가는 수백 명의 젊은 아버지들의 죽음을 목격하기 전까지, 나는 내 아버지나 아버지의 죽음에는 내가 자라면서 들어온 이야기 이상의 무엇이 있다는 사실을 깨닫지 못했다. 환자들이 너무나 젊은 나이에 죽어 버린 후 남은 가족들이 어떻게 되는지를 보기 전까지, 나는 아버지가 나에게 남겨준 감정적 유산이라는 것이 얼마나 미약한 것인지조차 깨닫지 못했다.

아버지가 돌아가시자 어머니는 나를 데리고 맨해튼으

로 이사를 했다. 나는 맨해튼 북부의 웨스트사이드에서 자랐다. 나는 지나치게 착한 소년이었고, 수줍음을 잘 탔지만, 그래도 인기는 많았다. 어린 시절은 대체로 행복했던 것 같다. 1972년에 필드스톤 고등학교를 졸업할 때까지 내내 에시컬 컬처 스쿨에 다녔다(나의 할아버지는 러시아계 유태인 1세대로, 뉴욕에서 1876년에 설립된 무종파 휴머니스트 단체인 에시컬 컬처 협회[2]의 회원이셨다). 내가 스와스모어 대학에 가기로 결심했던 것은 그곳이 학문적으로 명성이 높으면서도 퀘이커 교단의 전통을 지니고 있었기 때문이다. 그리고 내가 정말 멋있다고 생각했던 사촌 한 사람이 그 대학에 다니고 있었기 때문이기도 했다. 1960년대와 70년대 전반의 반항적 대항문화에 영향 받은 시절도 있었다. 그래도 해야겠다고 마음먹은 일은 모두, 그것도 제대로 해냈다. 나는 역사, 철학, 그레이트풀 데드[3]를 공부한 후 1976년에 스와스모어 대학을 최우등 장학생으로 졸업했다. 그리고 1년 후, 나는 의과 대학에 들어갔다.

이것이 이십대 중반까지의 내 삶의 윤곽이다. 어릴 적의 자세한 일들, 특히 아버지의 죽음과 그 죽음이 내 인생에 어떠한 의미를 가지고 있는가 하는 점은 그 후 많은 시간이 흐를 때까지도 채울 수 없던 부분이었다. 에이즈의 강렬한 빛에 의해 희미한 윤곽이나마 드러나게 되는 그 순간까지 말이다.

*

내가 의대에 진학하기로 결심하게 된 것은 의사가 되어 위
대한 사랑을 펼치겠다고 생각했기 때문도 아니었고, 생물
학을 비롯한 자연과학을 좋아했기 때문도 아니었다. 그것
은 구체적인 기술을 갖고 봉사하는 것을 중요하게 생각했
던 1960년대의 반전 운동과 그 여파에 의한, 그러니까 다분
히 정치적인 이유 때문이었다. 우리 세대의 다른 많은 사람
들처럼 나 역시 베트남 전쟁과 시민권 운동 등을 통해 정치
적인 자각을 지니게 되었기 때문에 내 삶의 방향에 대한 개
인적인 결정도 그것이 정치, 사회적으로 어떤 영향을 미칠
지에 대해 생각케 했던 것이다. 약간은 숭고하기조차 한 자
세로 말이다.

　　의사가 되겠다고 결심한 것은 대학 2학년 때 파리에서
한 학기를 보내면서였다. 그때까지 나는 배우나 극작가, 아
니면 역사학 교수가 될 생각이었고, 대학에서도 자연과학
관련 수업은 단 한 과목도 들은 적이 없었다. 그리고 이러
한 사실에 대해 나는 조금쯤 자부심을 느끼기도 했던 것 같
다. 그러나 집을 떠나 익숙하던 것들과 떨어져 있으면서,
나는 나의 인생 계획이 급격하게 바뀌는 것을 느꼈다.

　　스무 번째 생일을 몇 달 앞둔 1974년 1월, 나는 파리로
갔다. 집을 구하기도 어려웠고 가진 돈도 별로 없었지만 다
행히도 파리 제5구에 있는 몽타뉴 생트 주느비에브 거리의
낡은 건물에 작은 방 하나를 마련할 수 있었다. 집에서 그

렇게 멀리 떨어져 본 것은 처음이었다. 그때 내가 느낀 것
은 엄청난 외로움, 그리고 마치 뿌리가 뽑혀버린 듯한 기분
이었다. 지금 다시 생각해 보아도 그때처럼 외롭고 혼란스
러웠던 때는 없었다. 내 방에는 텔레비전도, 오디오도, 전
화기도 없었기 때문에 더 심했던 것 같다. 나중에 인류학
시간에 부족 사회에는 "입문식" 과정, 즉 사춘기 소년들이
성인이 되기 위한 상징적 행위로서 자신을 소년으로 규정
해 오던 모든 것으로부터 스스로를 격리하는 의식이 있다
는 것을 배우게 되었는데, 나는 그때 파리에서 비슷한 과정
을 거친 셈이다.

파리에 도착하고 몇 주가 지난 어느 토요일 밤, 나는 내
작은 방에서 싸구려 와인을 마시면서 칠레에서 군사 정권
이 계속 집권하고 있다는 프랑스 신문 기사를 읽으며 외로
운 시간을 보내고 있었다. 피노체트[4]는 1973년 가을, 당시
대통령 살바도르 아옌데[5]를 암살하고 쿠데타를 일으켰다.
이 사건은 나와 스와스모어의 서클 친구들에게 큰 충격을
주었다. 현실에서는 진리와 정의가 항상 승리하는 것은 아
니라는 것을 잘 보여 준 냉혹한 실례였기 때문이다. 침대에
누워 신문을 읽고 있던 바로 그 순간, 나는 갑자기 세상의
흉포함과 부질없음을 느꼈다. 나는 위험하고 적대적인 어
른들의 세계에서 길을 잃은 어린아이처럼 큰 상처를 입었
다. 그때 내가 느낀 그러한 감정이 나 자신의 개인사, 즉 내
가 아버지 없이 자랐다는 사실과 관련되어 있다고 생각하
지는 않는다. 오히려 뿌리 없이 자란 사람들이 느끼는 일반

적인 감정, 즉 세상을 표류하고 있다는 느낌에 가까웠던 것 같다. 그리고 나를 위협하는 갖가지 환경들로부터 나 자신을 보호할 필요를 느꼈다.

　　그때 나는 갑자기 의대로 가야겠다, 의대로 가서 의사가 되어야겠다는 강한 충동을 느꼈다. 그전에는 의식적으로 생각해 본 적도 없는 결과였다. 하지만 의사라는 사람들이 나에게는 현명하고 능숙하며 거의 전지전능한 힘을 발휘하는 환상적인 이미지로 다가왔기 때문에 의사가 된다는 일 자체가 유년 시절을 벗어나 성인으로 가는 길목에 서 있던 나를 지키는 보호막이자 하나의 길이 되어 줄 것 같았다. 또 의사가 되기만 하면 내가 전에 어떤 사람이었는지를 규정할 수 있는 어떤 기술적 측면을 배울 수 있을 것만 같았다. 비록 이러한 충동이 갑작스럽게 일어난 것이기는 했지만(그전까지는 중요한 일을 결정할 때면 치밀한 계획을 짜곤 했다), 그것은 너무나 강력하고 또 너무나 끈질겼기 때문에, 그해 가을 집으로 돌아오자마자 나는 의대 예과 과정을 시작했다.

　　그러나 전문적 능력과 가능성, 그리고 질병과 죽음마저도 이겨내는 인간의 힘을 표상하던 의사의 이미지는 에이즈의 갑작스런 출현으로 인해 채 십 년도 못 가 도전받게 되었다. 내가 의사로서 익힌 진정한 기술은 질병의 강력한 정복자보다는 오히려 세상의 고통을 짊어진 채 환자를 지켜보는 증인이자 동료, 편의 제공자가 되는 것에서 비롯된 것이다. 그러나 나는 의사가 되고자 했던 그 충동적인 결정을 결코 후회하지 않는다.

*

1977년, 항생제의 평화[6] 시기의 막바지 무렵에 나는 하버드
의대에 입학했다. 그때만 해도, 인간의 모든 병들을 현대
의학으로 해결하는 것은 시간 문제인 것처럼 보였다. 의학
의 권위에는 한계가 없을 것 같았다. 4년 후까지도 이러한
자족적인 전망에 도전할 만한 것은 나타나지 않았다. 의대
에 들어갔을 때, 나는 수련의 과정이 끝나면 가난한 도시의
보건소에서 일하리라는, 의학 기술에 정치적 행동주의가
결합된 그런 계획을 가지고 있었다.

　의대 시절, 특히 하버드의 그 위세 당당한 계단식 강의
실에서 수업을 받던 1, 2학년 시절에 이렇게 구체적인 생각
을 했던 것은 아니다. 생화학, 심리학 그리고 조직학 같이
생소한 과목들을 배우는 동안에는 앞날에 대해 생각하기
가 어려웠다. 그러나 일단 보스턴의 병원에서 회진을 시작
하면서, 나는 스와스모어 대학의 세미나실에서 몸에 밴 나
의 정치적 관점만으로는 이해할 수 없는, 사회와 행동에 대
한 인간적 차원이 있다는 사실을 알게 되었다.

　의대에 들어가기 전부터 나는 가정의학과에서 레지던
트 과정을 밟으려고 생각하고 있었다. 가정의학을 하게 되
면 기본적으로 모든 과의 일을 다 할 수 있기 때문에 환자
들의 삶이나 그들의 가족과 사회를 가장 잘 이해할 수 있고

또 그들을 가장 잘 도울 수 있을 것 같았기 때문이다. 의대에 다닐 때에도 나는 그러한 나의 선택이 옳다고 생각했다. 가정의학 수련을 마친 뒤 가난한 사람들을 위한 의사가 되겠다는 나의 목표는, 하버드 의대를 졸업하는 사람의 전망 치고는 별로 좋은 것은 아니었다. 그래서 하버드 의대생들 중 몇 명인가는 내가 브롱스에서 가정의학과를 전공하려는 것은 최고 수준의 의학 교육을 썩히는 일이라고까지 말했다. 그러나 고집과 도전 정신과 자부심으로 똘똘 뭉쳐져 있던 나는 내 결정을 고수하기로 했다. 당시 나는 내가 왜 이러한 길을 고집하는지, 특히 왜 그렇게 가족에 집착하는지를 알 수 없었다. 어쨌든 나는 브롱스에 있는 몬트피오르 메디컬 센터에 레지던트 과정을 신청했고, 1981년 여름에는 거기서 레지던트 생활을 시작했다.

*

인턴 생활을 시작하기 몇 주 전에, 나는 약혼녀 낸시와 결혼식을 올렸다. 우리는 의대에 입학한 첫날에 만났고, 만나자마자 친구가 되었다. 우리는 둘 다 올가미처럼 죄어드는 의대 생활에 조금씩 이질감을 느끼고 있었다. 그녀는 대학에서 미술을 전공했고, 의대에 입학하기 전 몇 해 동안은 화가로 활동하기도 했다. 한편 나는 대학을 졸업하고 일 년 동안 매사추세츠 종합 병원 수술실에서 간호 보조로 일했다. 우리는 서로에게 깊이 빠져들었다. 나는 말수가 적고

사색적이며 사람들과의 불화를 피하는 경향이 있다면, 낸
시는 따뜻하고 사교적이며 감정을 솔직히 표현하는 편이
었다. 그러한 점이 우리가 의대에 다니는 동안 서로를 격려
하며 단단히 결속시켜 준 계기가 되었다.

처음에는 친구로 출발했지만, 첫해에 해부학 강의를
들으면서 우리 관계는 급속도로 가까워졌다. 우리는 해부
학 수업 시간에 시체 해부 실습 파트너였다. 해부가 진행되
면서 우리 두 사람은 점점 친해졌다. 우리에게는 해부학 수
업이 개인적으로나 직업적으로 꼭 필요한 통과 의례였다.
그해 말에 우리는 해부를 끝마쳤고, 함께 살기 시작했다.

의대에 다니던 몇 년 동안 우리 관계를 유지하고 발전
시키는 것은 무척 어려웠다. 시간도, 서로를 배려해 줄 여
유도 없었기 때문이다. 이런 상황은 레지던트일 때는 물론
이고, 레지던트 과정이 끝나고 나서도 마찬가지였다. 갑작
스레 호출을 받거나 밤샘을 해야 했고, 휴식 시간도 없이
공부해야 했으며, 병원 측의 요구나 환자를 돌보는 일에도
전념해야 했다. 매일매일 이러한 일이 반복되면서 우리는
서로에게 시간을 내거나 신경을 써주기가 점점 힘들어졌
다. 하지만 일 때문에 생긴 그러한 문제들을 슬기롭게 극복
하고 나자 우리 두 사람 사이에는 이전에 느껴보지 못했던
끈끈한 연결 고리가 놓여 있다는 사실을 알게 되었다.

의대를 졸업하던 해에 우리는 결혼하기로 결정했다.
우리는 졸업과 인턴 과정 사이인 7월에 결혼식을 올리고
낸터켓 섬으로 신혼여행을 갔다. 그리고 신혼여행에서 돌

아오자마자 각자 일에 몰두했다. 그 무렵 낸시는 소아과 병
동에서 내가 몬트피오르에서 했던 것과 같은 레지던트 과
정을 시작했다. 우리는 서로 바빠서 얼굴을 보기가 힘들 정
도였다.

*

1981년 여름까지만 해도 세상은 "에이즈"라는 이름으로
불리게 될 병에 대해서 별다른 관심이 없어 보였다. 두 편
의 논문이 『뉴잉글랜드 의학 저널』과 질병통제센터의 『주
간 발병률과 사망률』에 발표되기는 했다. 뉴욕과 캘리포니
아의 젊은 남성 동성애자들 사이에 무더기로 발생한 뉴모
시스티스 카리니 폐렴과 카포시 육종[7]에 관한 내용이었다.
그러나 그것은 다분히 조소적인 어투로 "게이 내장 증후
군" 또는 "게이 관련 면역 결핍 증후군"[8]이라고 불리던 이
병을 2년 동안에 걸쳐 좀 더 의학적인 논조로 정교하게 정
리해 놓은 것에 불과했다. 그때만 해도 질병통제센터에서
는 이 새로운 질병이 감염 위험이 있는 곳이면 어디든 퍼져
나가 삶과 죽음의 패턴에 엄청난 영향을 끼치게 되리라고
는 생각지도 못 했다. 1981년까지 사망자들은 대부분 아주
나이든 사람이거나 아주 젊은 사람이었다.

그해 여름 내가 돌본 환자들은 거의 대부분이 브롱스
근처 지역이나 보호 시설에서 온 노인들이었다. 병명도 울
혈심부전증, 관상동맥병, 요로 감염, 중풍, 당뇨병, 말초혈

관병 등 의대에 다닐 때부터 익숙했던 것들이었다. 거의 대부분이 유태인이나 이탈리아인 아니면 아일랜드인이었고 흑인과 히스패닉도 조금 있었다. 그 나이든 환자들의 모습은 보통 집안에서 흔히 볼 수 있는 할아버지, 할머니와 비슷했다. 그러니까 뉴모시스티스 카리니 폐렴에 걸린 가브리엘은 무척 드문 경우였다. 가브리엘을 비롯한 몇 명의 젊은 남자 환자들이 입원한 이유는 마약 복용이나 박테리아성 급성 폐렴의 합병증 때문이었는데, 사실 우리 병원 같은 의료 환경에서는 치료하기 힘들었다. 병원 내부를 눈여겨본 사람이라면 전염병에 걸려 격리된 사람들의 병실 밖 복도에 철제로 된 공기 차단용 이동 침대가 놓여 있다는 사실을 알아챘을 것이다. 그러나 이것을 주의 깊게 본 사람은 거의 없었던 것 같다. 병실을 오가며 회진을 돌기에 바빴던 인턴 시절의 나 역시 마찬가지였다.

*

그해 여름, 외할아버지가 병에 걸려 92세의 나이로 세상을 떠나셨다. 외할아버지는 당신이 세 살 먹은 꼬마였던 1892년, 가족과 함께 러시아에서 미국으로 건너와 엘리스 섬에 도착했다. 여덟 형제 중 한 명으로, 로어 이스트사이드에서 자랐다. 타운센드 해리스 고등학교와 시티 칼리지를 나와 치과 의사가 되었고, 브루클린의 플랫부시에 병원을 개업한 후 거기서 살면서 40년 이상을 일해 온 분이었다. 외할머니는 학교 선생님이었다. 두 분은 아버지가 돌아가신 다음해에 나와 내 어머니가 살고 있던 맨해튼의 아파트 바로 옆으로 이사하셨다.

할아버지는 종종 나를 데리고 센트럴 파크로 가서 회전목마나 스케이트를 태워 주었다. 그리고 동물원을 구경시켜 주기도 했다. 내가 학교에 다니면서부터는 학교로 와서 나를 집에까지 데려다 주기도 했다. 내가 조금 더 자랐을 때, 사회 정의가 얼마나 가치 있는 것인지, 그리고 남을 돕고 세상에 선한 일을 하는 것이 얼마나 중요한 일인지를 알려 준 것도 할아버지였다. 할아버지는 평생 동안 민주적인 사회주의자였다(나는 할아버지가 식탁에서 공산주의자였던 작은 할아버지와 열띤 논쟁을 벌이곤 하시던 일을 기억한다). 할아버지의 아파트 벽에는 그가 영웅시하던 사람들, 그러니까 유진 뎁스,[9] 노먼 토머스,[10] 프랭클린 루스벨트, 마틴 루터 킹, 에시컬 컬처 지도자인 헨리 노이만, 존 러브조이 엘리엇 등의 초상이 가득 걸려 있었다. 내가 아홉 살이었던가 열 살 때쯤 할아버지를 따라 통조림을 가득 담은 식료품 봉지 두 개를 들고 9번가 극장 거리로 갔던 기억이 난다. 그곳에서는 브로드웨이 극장 조합이 미시시피와 앨라배마에서 시민권 운동을 벌이고 있는 사람들을 위해 기증품을 모으고 있었다. 갈색 종이봉투의 무게와 우리가 하고 있는 일의 중요성을 느끼면서 할아버지를 따라 걸어가는 것은 매우 기분 좋은 일이었다. 할아버지가 말씀하신 남쪽에서 일어나고 있는 나쁜 일이라는 것이 조금 걱정스럽

기는 했지만, 할아버지가 계시니까 안심해도 좋을 것 같았
다. 내가 자라는 동안 쭉 내 곁에 있어 준 남자가 있다면, 그
것은 바로 나의 할아버지였다. 그리고 할아버지는 그러한
역할을 기꺼이 해주셨다.

　나는 할아버지가 20세기 전체의, 그리고 그의 일생 동
안 일어난 거대한 변화들의 산증인이라는 사실을 생각하
며 놀랄 때도 있었다. 할아버지는 돌아가시기 7년인가 8년
쯤 전에 뇌일혈로 쓰러져 대화도 하지 못하는 상태가 되었
고, 기력도 점점 쇠약해져 갔지만, 그래도 나는 늘 할아버
지와 친하게 지냈다. 돌아가시기 직전에는 몸이 너무 약해
져서 음식을 드시지도 못했고 의식도 오락가락 했으며, 결
국은 폐렴이 발병해 입원해야만 했다. 의대 시절 "노인들
의 친구"라고 배웠던 폐렴알균 폐렴에 걸렸던 것이다.

　할아버지는 맨해튼에 있는 세인트 빈센트 병원의 4인
용 병실에 입원했다. 그곳은 1930년대에 만들어진 이래로
외관이 그리 크게 바뀌지 않은 곳이다. 낡은 철침대, 노란
타일 벽 그리고 머리 위에서 천천히 돌아가는 커다란 실링
팬 두 개가 예전 그대로 있었다. 할아버지가 입원한 방에는
출혈성 위궤양으로 입원한 50대의 푸에르토리코 출신의
남자가 있었다. 폐렴에 걸린 젊은 흑인도 한 사람 있었는
데, 여자 옷 입기를 즐기는 복장 도착자였다. 지금 생각해
보면, 당시 그 사람은 에이즈 초기 상태였던 것 같다. 그리
고 또 한 사람, 대니라고 불리는 인자하고 금욕적인 토박이
미국인이 있었다. 그는 당뇨로 인해 발의 종기가 낫지 않아

고생하고 있었다. 나는 대니가 할아버지 옆 침대에 있어 다행이라고 생각했다. 내가 병실을 비울 때면 조용하고 지적인 모습의 대니가 할아버지를 안전하게 돌보는 것 같았기 때문이다. 물론 복장 도착자도 매우 명랑했고 친절했다. 잘난 척하기 좋아하던 그는 우리를 커피숍으로 데리고 가서 샌드위치를 사주기도 했다. 새로운 춤을 시도하거나 낡은 카세트 플레이어로 템테이션즈[11]를 듣는 것이 그의 중요한 일과였다.

할아버지가 돌아가시던 날 밤, 나는 이제는 할아버지를 다시 만날 수 없다는 것을 깨달았다. 나는 손자로서 그리고 수련의로서 조금은 복잡한 심정으로 할아버지의 침대 옆에 서 있었다. 의사로서 나는 환자의 맥박과 호흡, 의식이 어느 정도인지를 꼼꼼히 체크하라고 했다. 그러나 손자로서 나는 그 장소에 필요한 사람은 의사가 아니라 손자라면서 참견하지 말라고 했다. 나는 할아버지에게 사랑한다고, 그리고 할아버지가 나를 사랑하는 것을 알고 있다고 말했다. 그리고 가슴속에 언제까지나 할아버지를 간직하겠다고 했다. 며칠 동안 의식도 반응도 없던 할아버지가 내쪽으로 고개를 돌리시더니 내 손을 꼭 잡았다. 나는 할아버지에게 키스를 하고 머리카락을 살짝 쓰다듬었다. 그리고 "안녕"이라고 말했다. 다음날 새벽, 우리는 병원으로부터 할아버지가 돌아가셨다는 연락을 받았다.

슬프기는 했지만, 할아버지의 죽음은 내 가슴에 뭔가 아주 소중한 것들을 남겨 놓았다. 그해 여름 내내 할아버지

를 그리워하고 또 그의 죽음을 슬퍼하면서도 그동안 할아
버지와 지낼 수 있었고, 할아버지에게 마지막 작별 인사를
할 수 있었다는 사실에 만족했다. 그해 여름, 나이 지긋한
환자들을 치료할 때면 슬픔이 되살아나기도 했다. 그 사람
들도 누군가의 할아버지이며, 남편이고, 또 누군가의 자식
이라는 것을 생각하게 될 때마다 말이다. 그렇지만 병원에
서 일하는 것에는 여전히 의미 있는 무엇인가가 있었다. 우
리는 나이든 사람들이 편안하게 살도록 도와줄 수 있었고,
또 때가 되어 하늘나라로 갈 때면 조금이라도 편안하게 돌
아가도록 도와줄 수도 있었다. 우리는 죽음이 젊은 사람들
에게 그렇게 난폭하게 닥쳐오는 상황을 목격하기 전까지
의사로서의 역할과 가능성이 갖는 의미와 세계관을 버리
지 않았다.

나는 거의 일 년이 지나도록 몬트피오르 병원에서 내
가 처음 근무했던 과로 돌아갈 수 없었다. 인턴은 다른 과
를 계속 돌아다니면서 일해야 하기 때문이다. 일 년 후 그
곳으로 돌아가 선반에 있는 환자들의 차트를 보고는 깜짝
놀라고 말았다. 차트 겉장에는 골드버그, 마차코, 오브라이
언, 그리고 지금은 흔한 디아즈, 리베라, 윌리엄스 같은 이
름이 쭉 적혀 있었다. 복도에는 공기 차단용 철제 이동 침
대가 몇 배나 늘어나 있었다. 이제는 그런 침대가 놓여 있
지 않은 병실이 거의 없을 정도였다.

*

1981년 7월, 의대를 졸업할 때만 해도 나는, 아니 나뿐만 아니라 그 누구도, 10년도 안 돼 에이즈가 미국을 비롯한 전 세계 대도시에서 25-44세 연령대의 중요한 사망 원인이 될 것이라고는 생각지도 못 했다. 당시 나는 필요한 의학 지식을 거의 다 배웠다고 생각하고 있었다. 따라서 이 병이 확산되기 시작한 지 10년도 안 돼 나와 같은 분야를 전공한 내과 의사들의 관심의 표적이 될 뿐만 아니라 손쓸 수도 없을 만큼 빠른 속도로 치명적인 결과를 낳게 될 것이라는 이야기를 들었다면, 나는 엄청난 충격을 받았을 것이다.

유용한 기술을 배워서 남을 위해 봉사하겠다던 나의 단순한 생각은 금방 위기에 처하게 되었다. 현대 의학과 과학의 힘으로 치료하지 못할 병은 없다고 생각하던 나의 환상을 이 병이 처참하게 깨뜨려 놓았기 때문이다. 사실 에이즈를 다루다 보면 의사로서의 정체성과 자긍심이 뿌리째 흔들리는 것을 느끼기도 한다. 하지만 그때, 그러니까 내가 레지던트 생활을 시작했을 때만 해도 대학에서 배운 기술이나 지식들은 금방 써먹을 수 있을 것만 같았다.

인턴과 레지던트 기간 동안 나는 내과, 소아과, 산부인과로 이어지는 가족 환자 훈련 프로그램에 흥미를 느끼게 되었다. 훈련 프로그램의 일환으로 미드-브롱스에 있는 포드햄로드 근처의 몬트피오르 병원 소속 가족 건강 센터에서 외래 환자 실습도 시작했다. 그리고 곧 실제로 환자를 돌보게 되었다. 이렇게 의학적 훈련에 몰입하면서 브롱스 지역의 삶과 문화에 빠져드는 생활은 매우 만족스러웠다.

사람들의 생활 속으로 들어가 그들의 삶, 투쟁, 인생 경험을 바라보고 또 그 일부가 될 수 있다는 사실에 대해 나는 종종 신기해하면서도 그 자체가 일종의 특권이라고 느끼곤 했다. 또 만약 다른 일을 했다면 결코 느낄 수 없었을 일상의 풍요로움에 대해 감사하기 시작했다. 나는 환자들을 사랑했고 또 환자들이 성실한 모습을 보일 때면 기뻐했다. 머릿속에 떠오르는 수많은 사람들 중 몇 명에 대해서만 이야기해 보겠다.

●몬탤보 부인은 시내에 있는 한 보험 회사 건물에서 야간 청소부로 근무하는 푸에르토리코 출신의 50대 여인이었다. 지체 장애가 있는 아들과 함께 먹고살 만큼의 돈도 있었고, 보기 드물 정도로 우아한 몸가짐과 옷차림이 눈에 띄는 여성이었다. 그녀는 특히 청소부 일을 하고 있음에도 불구하고 남들보다 깨끗하고 부드러운 피부를 유지하고 있다는 사실을 자랑으로 여겼다. 그녀는 로션과 영양크림에 자기만의 특별 처방을 해서 사용한다고 했다. 나는 언젠가 그녀가 폰스에서 자기네 동네로 이사 온 남자와 막 연애의 싹을 틔우고 있다는 이야기를 하면서 여학생처럼 깔깔거리며 웃는 모습을 본 적이 있다. 그들은, 남자는 여자에게 잘 보이려고 애쓰고 여자는 남자에 대한 신뢰감을 조금씩 쌓아 가는, "구식" 연애를 하고 있었다. 그러면서 그녀는

자기가 애교스럽게 행동하면 너무 뻔뻔해 보이지는 않을
까 걱정하고 있었다.

●마쉬는 사우스캐롤라이나 주 찰스턴 출신의 퇴직 여교
사로서 지독한 관절염과 말초혈관병 때문에 잘 걷지 못 하
였는데, 치료를 받을 때면 언제나 깨끗하게 다림질한 푸른
색 정장과 레이스 달린 블라우스를 입고, 거기에 맞춰 모자
를 쓰고 하얀 장갑까지 끼고 왔다. 그녀는 옹이진 나무 지
팡이를 짚고 천천히 걸어 다녔으며, 의자에 앉을 때나 일어
날 때는 누군가의 도움을 받아야 했다. 신중하고 공손한 목
소리로 병원 직원들과 농담을 나누기도 했고, 때로는 그랜
드 콩코스 지역 외곽의 다 쓰러져 가는 건물에서 사는 것이
얼마나 힘든지에 대해 이야기하기도 했다. 파리 구시가지
의 주요 도로를 흉내 낸 시내의 원스-머제스틱 애버뉴 근
처에 있는 작은 아파트에서 그녀는 때로 하루 종일 집에 갇
혀 있는 죄수 신세가 된다고 했다. 마약 판매상들이 귀찮게
구는 것을 피하기 위해서 일부러 그럴 때도 있지만, 엘리베
이터가 고장 나면 계단을 오르내릴 수 없기 때문에 그러기
도 했다. 이 모든 어려움에도 불구하고 그녀는 결코 평온을
잃지 않았다.

●바틀렛 부인은 비서 학교에 다니면서 자신이 세든 건물
에서 세입자 권리 협회를 조직하고 또 다섯 아이를 잘 키우
고 있는, 아주 인상적인 흑인 여성이었다. 아직 40대였지만

예순이 넘어 보이는 사람이기도 했다. 내가 그녀를 알고 지
낸 5년 동안, 그녀는 원인 모를 발작과 심장 마비를 일으켰
으며, 당뇨성 미세 혈관 질환과 괴저병으로 발 절단 수술을
받았고, 과도한 자궁 출혈로 자궁절제술도 받았다. 그녀가
워낙 이러한 병들에 태연하게 맞섰기 때문에 그녀의 몸은
점점 더 건강해지고 튼튼해지는 것처럼 보였다. 이렇게 불
행이 계속 닥쳐왔지만 그녀는 침착하고 명랑했다. 진료를
받으러 올 때면 언제나 내가 자기에게 보여 주는 노력에 감
사한다는 말을 하느라고 많은 시간을 보냈다. 사실 내 눈에
는 그런 노력 자체가 이따금씩 이길 가망 없는 전쟁을 치르
는 것처럼 보였음에도 불구하고 말이다. 그녀는 신神이 자
기 앞에 무엇을 준비했든지 간에 자기는 행복하다고 말했
을 것이다.

●펭스 가족은 몇 년 전에 3대가 함께 미국으로 건너온 캄
보디아 난민으로 우리 건강 센터 건너편에 있는 아파트에
서 살고 있었다. 우리가 만나 온 다른 많은 가족들과 마찬
가지로 이 사람들도 1970년대 동남아의 정치적 혼란기에
불법으로 미국에 건너왔고, 뉴욕에서도 집세가 싼 곳을 찾
다 보니 여기까지 와서 살게 되었다. 어느 날 간호사 실습
생이 병원 맞은편에 있는 아파트의 현관 앞 계단에서 콧물
을 흘리며 앉아 있던, 어딘가 아파 보이는 어린아이를 발견
했다. 그 어린아이와 그 애의 식구들을 병원으로 불러들이
기 전까지 우리 건강 센터의 어느 누구도 뉴욕에, 특히 바

로 이웃 지역인 브롱스에 이들 캄보디아 출신 망명자들이 그렇게 많이 거주하고 있는지 모르고 있었다. 그 일은 순식간에 소문이 났고, 얼마 안 가서 우리 병원에는 캄보디아 사람뿐 아니라 다른 동남아 출신 환자들도 많이 오게 되었다. 건강 센터에서는 통역과 환자 보호를 위해 즉시 젊은 캄보디아 여성을 고용했다. 그녀 역시 최근에 미국으로 이주해 온 사람이었다.

펭스 부부는 언제나 공손했고 성의를 보이려고 했다. 진찰실에 들어오거나 나갈 때는 꼭 허리를 굽혀 인사했고, 특별한 날이 되면 정성스럽게 포장한 작은 선물들을 가져오기도 했다. 그들은 네 명의 아이들을 위해 열심히 일했다. 그리고 자기들의 큰아들이 새로 이주해 온 도시의 급변하는 문화에 동화되어 가는 모습을 기쁨과 슬픔이 교차하는 감정으로 바라보았다.

나는 그런 환자들을 치료할 때마다 문화적 차이에 따른 의학적 한계를 느끼곤 했다. 특히 환자가 영어를 몰라서 통역을 해줄 때 그런 한계가 잘 드러났다. 내 생각에는 아주 간단한 질문 같은데, 그것을 환자에게 설명하기 위해서는 통역과 환자가 5분 이상 말을 주고받아야만 했다. 그렇게 어렵게 설명하고 난 뒤 통역은 나에게 밝게 웃으면서, "아니래요"라는 짧은 한마디를 전해 주곤 했다.

●안젤라와 리코는 첫 아이의 출산을 기다리는 젊은 부부로, 안젤라는 열일곱 살이었고 리코는 안젤라보다 세 살이

많았다. 모리스 파크에 살고 있는 이탈리아계인 안젤라는 잘 생긴 푸에르토리코 출신의 리코와 함께 살고 싶어서 가출했다고 한다. 가출 후에는 리코 어머니의 아파트에서 일 년 동안 같이 살았는데, 그때는 마침 자기들만의 아파트를 얻기 위해 리코가 시 운송국의 안정적인 수습직 자리를 얻어 일하고 있던 참이었다. 안젤라와 리코는 태아 정기 검사 때마다 함께 병원에 왔다. 때로는 검사 결과를 궁금해 하며 예약 시간보다 한 시간이나 일찍 오기도 했고, 진료실에 들어오기만 하면 엄청나게 많은 질문을 퍼부어댔다. 아기 낳을 준비는 어떻게 해야 하는가, 산모에게는 어떤 음식이 좋은가, 어떤 타입의 기저귀를 써야 하는가, 임신 기간 동안 섹스를 계속해도 되는가 등 질문은 끝도 없었다. 나는 그전은 물론 그 후로도, 그 길고도 고통스런 진통의 아픔을 그렇게 기뻐하며 견뎌낸 사람들을 본 적이 없다. 물론 안젤라가 진통을 겪고 있을 때 리코는 그녀 곁을 잠시도 떠나지 않았다. 나는 분만실에서 리코와 안젤라의 품에 건강한 아이를 안겨 주었다.

●설리번 부인은 몸이 허약해질 대로 허약해진데다가 당뇨로 인한 발의 종기 때문에 계속 침대에 누워 있어야 하는 85세의 아일랜드 출신 여성이었다. 그녀는 우리 건강 센터에서 길모퉁이를 돌면 있는 디카터 애버뉴의 한 아파트에서 살고 있었는데, 그녀에게 왕진을 갈 때면 5층에 있는 그녀의 집까지 걸어서 올라가야 했다. 그녀는 여러 해 전에

남편을 여의고, 지금은 60살 먹은 딸과 함께 살고 있었다. 딸 역시 남편을 일찍 잃었는데, 매일 머리에 스카프를 단단히 묶고 접히는 철제 카트를 끌면서 길모퉁이의 식료품 가게로 내려가 물건을 사는 것이 그녀의 중요한 일과였다.

설리번 부인이 사는 아파트에 발을 들여놓을 때마다 타임머신을 타고 갑자기 과거의 어느 순간으로 돌아간 것 같은 느낌을 받곤 했다. 다 낡은 철문은 그 건물 어디에나 있었지만, 그 뒤에는 레이스 달린 커튼이 걸려 있었고, 손뜨개 한 레이스로 장식된 소파와 의자, 나무틀로 된 거울, 그리고 낡은 흑백텔레비전이 놓여 있었다. 이 모든 것들은 1980년대보다는 1940년대식에 가까웠다. 벽난로 위에는 설리번 부인의 잘 생긴 아들이 군복을 입고 찍은 사진이 놓여 있었는데, 사진 속의 아들은 2차 세계대전 때 벌지 전투에서 사망하였다. 하지만 40년이 지난 후에도 그 사진은 여전히 그 자리를 지키고 있었다. 나는 몇 십 년 동안 한 번도 집 밖으로 나가 보지 않은 설리번 부인이 아래층으로 내려가거나 혹은 적어도 옆집에라도 가게 된다면, 그래서 그녀의 시간이 그대로 멈추어 있는 동안 다른 집들이 얼마나 많이 변했는지를 알게 된다면, 그녀의 마음이 어떨까 하는 생각을 하곤 했다.

*

나는 내가 맡은 환자들의 삶의 이야기 외에도, 브롱스 지역

사람들이 살아가는 모습들을 이해하게 된 것에 만족감을
느꼈다. 병원 근처의 포드햄 로드 북쪽 지역은 전통적으로
아일랜드 출신이 많은 지역이었는데, 지금은 푸에르토리
코 출신과 흑인들이 지배적이며, 최근에는 가이아나와 중
앙아메리카, 캄보디아 등에서 이주해 온 사람들의 구역도
생겨나고 있었다. 나는 가족 건강 센터 주변에서 스페인식
선술집이나 화원을 하는 사람들과 친하게 되었고, 그들이
먹는 음식이나 향신료뿐만 아니라 약용으로 사용하는 허
브류에 대해서도 알게 되었다. 나는 점심으로 파스텔레스[12]
나 엠파나다스[13]를 사먹기도 했고, 집에서 만들어 보기 위
해 신선한 실란트로[14](그것은 너무 비싸서 그때까지는 식당
에서 팔지 않았다)를 사기도 했다. 그리고 자신을 원기 왕성
한 아흔둘이라고 하면서 나의 "푸에르토리코 할머니"라고
장난스럽게 말하던 세뇨라 디아즈가 이따금씩 들고 오던
플랜[15]의 부드러우면서도 끈적한 달콤함을 나는 아직도 잊
을 수가 없다. 나는 의대에 다닐 때, 스페인어를 배운 적이
있었다. 그리고 언젠가 "엘 브롱스"[16]에서 일하게 될 때를
대비해 4학년 때에는 푸에르토리코에 있는 시골 병원에서
몇 달간 근무하기도 했다. 내가 가족 건강 센터에서 근무하
기 시작하면서, 스페인어를 사용하는 환자들이 엄청나게
몰려들었다. 거기에서 근무하는 동안, 나는 영어를 쓰는 날
보다 스페인어를 쓰는 날이 더 많았다.

우리 진료소에서 몇 블록 떨어지지 않은 브롱스 이탈
리아인 지역의 아서 애버뉴에는 이탈리아식 정육점과 빵

집, 식당, 교회, 종교 서적을 파는 서점 등이 일렬로 죽 늘어서 있었다. 여름날 밤이면 검은 옷을 입은 이탈리아계 할머니들이 계단에 나와 앉아 있곤 했다. 그 옆에는 머리가 백발이 된 할아버지들이 러닝셔츠만 입고 앉아 있었다. 나는 아서 애버뉴에 있는 음식점들이 브롱스 지역이 간직한 최고의 비밀 중 하나라는 것을 알게 되었다. 그래서 나는 정기적으로 마리오나 도미니크 같은 이름의 레스토랑에 식사를 하러 갔다. 그곳의 음식 맛이나 분위기는 시내 어느 레스토랑 못지않지만 줄을 서서 기다릴 필요가 없었고, 가격도 시내의 3분의 2 정도밖에 되지 않았다. 몬트피오르와 가까운 제롬 애버뉴에는 슈벨러, 엡스타인, 카츠 같은 이름의 델리카트슨[17]들이 이스라엘 국기를 휘황찬란하게 휘날리며 늘어서 있었다. 유리창 쪽에는 살라미 소시지[18]와 핫도그를 줄줄이 걸어 놓고, 정면에 있는 그릴에서는 키니쉬[19]를 구워 냈으며, 한쪽에는 고추 피클이 담긴 커다란 항아리가 놓여 있었다. 그 식당에 가면 옛날로, 훨씬 더 좋았던 시절로 돌아가는 느낌이었다. 슈벨러에서 카운터를 보는 사람은 홀로코스트의 생존자였는데, 그의 팔뚝에 새겨진 숫자 문신들은 단순히 지나간 날의 불행을 상기하게 만드는 것 이상의 무엇처럼 보이곤 했다.

그곳은 뉴욕의 한 구가 아니라 일종의 "또 다른" 뉴욕이었다. 관광객들도 거의 오지 않았고, 뉴욕 외곽에 사는 토박이들이 들어가는 "진짜" 뉴욕의 입구처럼 보이기까지 했다. 나도 맨해튼에서 자라고 6년 동안 리버데일에 있는

학교까지 지하철을 타고 다녔지만, 브롱스 땅을 밟아본 적
은 한 번도 없었다. (뉴욕 지도를 보면 리버데일은 브롱스에
포함되어 있다. 그러나 리버데일은 잘 정돈된 단독 주택들과
아파트가 즐비한 중산층 동네이고 초호화 맨션도 심심찮게
볼 수 있어서, 브롱스보다는 오히려 스카스데일과 비슷하다.)

어느 날 밤, 나는 몬트피오르 산하의 시립 병원인 노스
센트럴 브롱스 병원을 방문한 적이 있었다. 꼭대기 층으로
가기 위해 엘리베이터를 타자 길거리의 모습이 훤히 내려
다보였다. 어둠에 휩싸인 거리와 반짝이는 불빛들을 내려
다보며, 지금 당장 브롱스에서 어떤 의료 대참사가 일어나
더라도 그것을 처리할 만반의 준비가 되어 있다는 것, 그리
고 그 중심에 내가 있다는 것을 생각하니 가슴이 뿌듯해지
며 약간은 흥분도 되었다. 셀린이라는 작가가 어떤 글에서
몽마르트에서 일하는 여성을 표현하면서 썼던 대로라면,
그때 나는 "야간 연락 장교"의 역할을 맡았던 셈이다. 엘리
베이터가 꼭대기 층에 가까워지자 반 코틀랜트 공원 너머
로 리버데일이 조금씩 보이기 시작했다. 유심히 쳐다보니
나는 내가 다녔던 필드스톤 고등학교의 도서관 건물을 찾
아낼 수 있었다. 고등학교 3학년 때 새로 지어진 휘황찬란
한 건물이었다. 불이 환하게 켜진 그 화려한 건물은 마치
소용돌이치는 바다를 뒤로 한 채 항구에 정박해 있는 대형
쾌속선 같았다.

내가 열한 살이었을 때, 어머니가 운전하던 차를 타고
브롱스를 가로지르는 고속도로 위를 달리다 자동차 타이

어가 펑크 나는 바람에 잠시 차를 세워야 했던 적이 있었
다. 승용차와 트럭의 물결은 끊임없이 이어졌지만 차를 세
우고 도와주는 사람은 아무도 없었다. 그때 나는 브롱스 한
가운데에 영원히 버려진 것만 같은 무시무시한 불안감을
느꼈다. 세월이 흘러, 브롱스에 있는 병원들을 오가거나 교
통 체증을 피하고자 그 고속도로를 지나갈 때면, 더 이상
낯선 땅의 이방인이 아닌 나는 어릴 때 바라보던 것과는 조
금 다른 자부심과 친밀감을 느끼게 되었다.

그러나 내가 그들만의 세계와 문화를 조금씩 이해하기
시작했을 땐, 이 수많은 이웃들의 삶은 급격하게 변화하기
시작했다. 정체불명의 병 때문이었다. 처음에는 비정상적
이고 동시적인 우연의 연속처럼 보였지만, 파괴는 체계적
으로 일어나고 있었다. 그 결과 나중에는 브롱스 지역 사회
를 완벽하고도 영구적으로 바꾸어 놓고 말았다. 사회 조직
은 완전히 해체되었다. 에이즈는 이제 그 흔적을 남기기 시
작했고, 그것은 앞으로도 수십 년 동안 계속될 것이다.

역설적이게도 브롱스에서 그런 일이 일어나고 있는 동
안 뉴욕에서는, 당시 시장이던 에드 코흐의 제안에 따라,
사우스 브롱스의 고속도로변에 있는 낡고 방치된 건물들
의 바깥 유리창과 문을 트롱프 뢰이유[20]로 가리는 작업이
한창 진행되고 있었다. 뉴저지나 웨스트 체스터 카운티, 코
네티컷 등에서 브롱스를 통과해 다른 지역으로 가는 고속
도로 통행자들이 폐허 같은 건물을 보고 너무 놀라지 않도
록 하기 위해서였다. 다른 지역 사람들을 안심시키면 외부

자금이 좀 더 쉽게 브롱스로 유입되지 않겠느냐는 전망도 있었다. (건물 벽에는 커튼이나 덧문은 물론이고 화분에 심은 식물이나 창문턱의 고양이까지 그려져 있었다. 이 그림들이 얼마나 사실적이었는가 하면, 시내 버스를 타고 지나가던 브롱스 거주자들이 도중에 내려서 그 건물을 임대해 줄 생각은 없는지 물어 보기도 했다는 신문 기사가 날 정도였다.)

내가 볼 때 이 이상야릇한 프로그램은 두 개의 뉴욕, 그러니까 다른 한쪽 따위는 존재하지도 않는다는 식으로 살아가는 두 개의 뉴욕 모두에 상징적인 의미를 내포하고 있는 듯했다. 사실 사람들을 만나거나 내가 자란 곳의 이웃들을 방문하려고 브롱스를 지나 맨해튼으로 가곤 했던 나조차도 이렇게 가까운 곳에 그렇게 다른 뉴욕이 존재한다고는 상상도 하지 못했다. 내가 자란 맨해튼의 어퍼 웨스트사이드에서는 브롱스 같은 곳이 있다는 사실을 상상하기도 어려웠다. 몇 년 후, 에이즈가 할렘과 로어 이스트사이드뿐만 아니라 브롱스 외곽을 완전히 황폐화시켰을 때까지, 적어도 얼마 동안은 그 활기찬 그림들이 황폐한 건물의 외벽을 효과적으로 가려주는 것처럼 보였지만, 두 개의 뉴욕에 대한 나의 이런 생각은 더욱 강해졌다.

*

가브리엘 이후로도 나는 뉴모시스티스를 비롯해 여러 가지 다른 희귀병에 감염된 환자들을 많이 보게 되었지만, 이처럼 특이한 현상들이 어떤 식으로든 서로 연관되어 있을 것이라고는 생각지도 못했다. 당시에는 다른 병들과 마찬가지로 이 병 역시 환자들의 일상생활 속에 갑자기 나타난 것 같았다. 그 병명이 다소 특이하고 감염 경로를 추측하기 어려울 뿐이었다. 그리고 환자들은 쉽게 병세가 호전되어 일상생활로 돌아가는 경향을 보였다. 그러나 몇 년 지나지 않아 무엇인가 한층 더 근본적인 것이 진행되고 있었다는 사실이 밝혀지게 되었다.

카뮈의 작품 『페스트』의 주인공 리외처럼, 우리는 흩뿌려진 빗방울이 모여 삶의 근본을 뒤흔드는 급류로 바뀌어 가는 것을 볼 수 있었다. 4, 5년 동안이나 환자의 몸에 잠복해 있으면서도 확인조차 할 수 없을 만큼 수많은 사람들에게 효과적으로 번져 나가는 이 병의 냉혹함을 깨닫게 되었던 것이다.

에이즈가 퍼져 나가던 초기에 나는 집에서 임종을 기다리고 있던 에이즈 환자, 조제를 보기 위해 그의 집을 방문한 적이 있다. 건강한 근육질의 남자였던 조제는 헤로인을 사기 위해, 또 가족을 부양하기 위해 두 개의 직업을 갖고 있었다. 그리고 병에 걸리기 몇 년 전부터는 메사돈[21] 프로그램에 참여해 마약도 끊은 상태였다. 직장 생활을 계속하면서 아마추어 권투 선수로 활동하기도 했고, 가족들과도 많은 시간을 보내는 등 한동안 모든 면에서 정상적인 생활을 해나가고 있었다. 그러나 내가 그의 집을 방문했을 때, 그는 가느다란 나무 막대기같이 뼈만 남아서 몸무게가

45킬로그램도 채 되지 않았고, 가만히 누워 있는 것 말고는 아무것도 할 수 없는 모습이었다. 너무나도 짧은 투병 기간 끝에 그는 집에서 임종을 기다리는 신세가 되었던 것이다.

가족들이 조제를 위해 준비한 환자용 침대는 작은 방에 비해 너무 컸기 때문에 방에는 빈 공간이 조금도 남아 있지 않았다. 그 큰 침대 때문에 조제는 더 왜소해 보였다. 방안의 선반과 창문에는 여러 개의 양초와 성인들의 그림, 기도 용품들이 즐비했고, 약간은 들큼하면서도 비릿한 죽음의 냄새가 어두운 방안을 휘감고 있었다. 조제의 부모님과 그의 아내, 두 명의 누나 그리고 이제야 아장아장 걷기 시작한 어린 아들은 침실이 하나뿐인 그 작은 아파트의 비좁은 거실에 모여 있었다. 거기에 모인 사람들 모두 그가 곧 죽을 것이라는 사실을 알고 있었다. 그를 위해 해줄 수 있는 일이 전혀 없다는 것 역시 잘 알고 있었다. 작별 인사를 한 후 4층 아파트의 계단을 천천히 걸어 내려오다가 나는 잠시 걸음을 멈추었다. 복도 양 옆으로 페인트칠이 벗겨진 낡은 문들이 죽 늘어서 있었다. 그 문들은 마치 비밀이 새어나가지 못하게 하기 위해 걸어 잠근 것처럼 자물쇠들이 여러 개 달려 있었다. 나는 얼마나 많은 문 뒤에서 조제의 집에서와 같은 일들이 벌어지고 있는 것일까 하는 생각을 해보았다.

*

1983년 초에 이르러서야 후천성 면역 결핍증 또는 에이즈 AIDS로 지칭되는 이 병이 남성 동성애자뿐 아니라 마약 사용자와 혈우병 환자는 물론 여성과 아이들까지도 걸릴 수 있다는 것이 공식적으로 인정되었다. 그리고 그동안의 여러 역학 조사를 종합해 볼 때, 에이즈는 어떤 불분명한 병원체에 의해 혈액을 통해 감염되어 생기는 병일 것이라고 추정하게 되었다. 그러한 역학 조사 결과, 에이즈의 감염 경로는 동성애자나 정맥 주사용 마약 사용자, 수혈자들이 잘 걸리는 것으로 알려진 B형 간염의 감염 경로와 너무나 비슷했다. 게이들의 정액이나 장내 기생충에 반복적으로 노출됨으로써 에이즈에 걸린다는 주장은 이제 더 이상 설득력이 없게 되었다.

여러 지역의 수많은 사례를 연구한 결과, 1983년 말에 이르러 과학자들은 이전에 인간 T-림프구형 바이러스 III (HTLV-III)형[22] 또는 림프절비대 관련 바이러스[23]라는 이름으로 지칭되어 온 레트로바이러스[24]의 존재를 확인할 수 있었다. 1984년 초에는 시료용 혈액에서 바이러스 항체를 검출할 수 있는 단계까지 실험이 발전했다. 그리고 여러 의학 연구소에서 이루어진 일련의 연구를 통해 에이즈에 걸릴 확률이 낮아 보이는 건강한 비교 집단에는 에이즈 바이러스 항체가 없지만, 에이즈에 걸렸거나 에이즈와 관련된 질환을 갖고 있다고 추정되는 환자들에게는 대부분 항체가 있다는 사실도 밝혀졌다.

그러나 이보다 더 놀라운 것은, 동성애자 또는 양성애자인 남성, 정맥 주사용 마약 사용자, 혈우병 환자 등 에이즈 감염 가능성이 높은 위험 집단으로 분류되는 사람들 중 자각 증상이 없는 사람들 사이에도 에이즈 바이러스 항체가 널리 퍼져 있다는 사실이었다. 그러나 에이즈 발생 초기에는 이 문제의 중요성이 그리 두드러지지 않았다. 예를 들어, 감염 가능성이 높은 사람이 아무런 자각 증세도 보이지 않을 때, 그것이 에이즈 바이러스에 노출되어 있기는 하지만 실제로 감염되지는 않았다는 뜻인지 아니면 이미 감염되어 있지만 아직 병의 징후가 나타나지 않았다는 뜻인지를 알 수 없었기 때문이다. 불행하게도 이것은 나중에 후자의 추측이 맞는 것으로 밝혀졌다.

일단 혈액 검사로 HTLV-III형 항체를 검출하게 되자 수많은 연구자들이 새로 발견된 이 에이즈 바이러스가 어떤 경로로 감염되는지를 밝히기 위한 연구에 착수했다. 초기 연구들에서 얻은 데이터에 의하면, 뉴욕에서 정맥 주사용 마약 사용자의 50% 이상은 이미 1980년대 초에 에이즈에 감염되어 있었다. 일부 심한 지역의 경우는 젊은이들의 5% 이상이 HIV[25]에 감염되었을 것으로 추정되었다. 사우스 브롱스의 병원에서 차를 몰고 집으로 돌아가다 신호등에 걸려 정차하고 있을 때, 거리 한 모퉁이에 젊은 사람들이 몰려 있는 모습을 보면 나는 마음속으로 저들 중에서 적어도 한두 명은 에이즈에 걸려 있겠지 하는 생각을 하곤 했다.

폐허가 된 건물이나 임대 주택, 빈민층 아파트 단지를 지날 때면 저 중에 얼마나 많은 곳에 에이즈 바이러스가 침투해 있을까 궁금해지기도 했다. 바이러스에 걸린 사람들은 자신이 보이지 않는 적에게 공격을 받아 바이러스에게 점령당했다는 사실도, 그리고 생각지도 못한 사이에 그렇게 점령당한 자신이 새로운 먹이를 찾아 바이러스를 감염시키는 전염원이 된다는 사실도 모른다. 한 사람의 몸에 들어간 바이러스가 이 사람 저 사람의 몸으로 옮겨 다니며 은밀히 그 능력을 발휘한다고 상상할 때마다, 나는 〈신체 강탈자들의 침입〉[26]이라는 SF영화를 떠올리곤 했다.

아무튼 에이즈의 전모가 밝혀지기 전까지 우리는 눈에 보이지는 않지만 그 흔적만은 뚜렷한 약탈자가 어둠 속에 몸을 숨긴 채 브롱스 전역을 휩쓸고 있다는 사실에 불안해하고 있었다. 나는 어느 날 집으로 돌아가는 길에 카세트를 통해 흘러나오던 밥 딜런의 〈깡마른 사람의 노래Ballad of Thin Man〉를 따라 부른 적이 있다. "무엇인가 일어나고 있다는 것은 알지. 하지만 그게 뭔지는 모르지. 아닌가요, 존스 씨?"

*

레지던트 과정 동안 나는 환자들의 삶에 대해 알게 되었고, 내가 그들의 삶에 의미 있는 사람이 된다는 사실에서 큰 만족감을 얻을 수 있었다. 그리고 레지던트 과정을 마칠 무렵

존 버거의 책 『행운아』를 읽고 크게 고무되어 있던 나는 가정의학의 길을 선택했다. 그는 그 책에서 자기가 살고 있는 마을 사람들의 삶의 믿을 만한 증인이자 그 마을의 살아 있는 역사의 보고자 역할을 수행하는 영국의 한 시골 의사로서의 삶과 일에 대해서 그리고 있는데, 어떤 의미에서는 나에게도 얼마간 환자들을 위해 그렇게 일할 수 있는 특권이 주어졌다고 생각되었던 것이다. 카리브 해에서 브롱스로 이민 온 한 젊은 여성이 내 이름을 따서 아기의 이름을 짓겠다고 했을 때, 나는 자부심과 동시에 어색함을 느꼈던 기억이 난다. 자부심을 느꼈던 것은 그녀의 행동에 매우 감동받았기 때문이고, 어색했던 이유는 사우스 브롱스에 사는 한 아이가 "셀윈"이라는 자기의 이름을 특별히 자랑스러워하면서 자라는 모습을 쉽게 상상할 수 없었기 때문이다. 나는 아직도 당시의 환자들이 내게 준 작은 기념품들과 사진, 편지들을 간직하고 있다. 그리고 그때 그랬던 것처럼 지금도 환자들이 담당 의사로서 나를 신뢰한다는 사실에 큰 가치를 두고 있다.

내가 일에 깊이 빠져 있기도 했지만, 의사로서 일한다는 것에는 본래 내가 예상했던 것보다 훨씬 더 사람을 압도하는 그 무엇인가가 있는 것도 사실이다. 레지던트 과정 중 몬트피오르 가족 건강 센터에서 외래 환자를 받을 때, 나는 반일 근무 시간에 맞춰 나의 작은 사무실이나 진찰실로 출근해, 문 밖에서 기다리는 환자들의 차트 더미를 재빠르게 파악하곤 했다. 또 파일에 곧 추가될 차트의 양이 어느 정도일지도 어림해 보곤 했다. 차트 하나하나가 담고 있는 환자들의 역사와 사연들, 그리고 잠재되어 있는 문제점들은 언제나 내가 그들에게 낼 수 있는 시간 안에 다 들어주기에는 너무 많았다.

　반일 근무를 하면서 하루에 열 명 내지 열다섯 명의 환자들을 진찰하고 그들의 모든 요구를 공정하게 들어준다는 것은 내가 할 수 있는 한계를 넘어서는 일이 분명했다. 환자들을 기계적으로 대하거나 환자들의 일에 초연해지지 않고는 늘어나는 그 많은 환자들을 감당해 내기는 어려웠다. 나는 일의 효율성을 높이기 위해 환자들에게 마음을 닫고 싶지는 않았다. 하지만 어느 순간 기계적이면서도 다소 무심해지지 않는 한 늘어만 가는 환자들을 모두 진찰할 수 없다는 사실을 깨닫게 되었다. 그렇게 진료소에서 계속해서 일어나는 매일의 위기 상황을 넘겨 보려고 애를 쓰던 어느 날, 나는 환자 개인과 그 가족들을 보살펴 주는 것이 지역 사회에 봉사하고 또 보다 큰 요구에 부응하는 데 있어 필수적인 일은 아니라는 사실을 깨닫게 되었다. 그때까지 내가 했던 일이 중요하지 않다거나 만족스럽지 않다는 뜻은 아니다 — 그것은 전혀 당치도 않다. 사실 나는 가족 건강 센터에서 계속 일하고 있는 내 동료들에 대해 경외감과 존경심을 품고 있다 — 그러나 그때 나는 좀 더 큰 맥락에서 일할 방법을 찾을 필요가 있었다.

　그래서 나는 레지던트 과정의 마지막 해였던 1983년 하반기에서 1984년 상반기 동안에 다른 방향을 모색하기

시작했다. 나는 나를 필요로 하는 많은 사람들과 지역 사회
에 힘이 되려면 어떻게 해야 할까 생각했다. 동시에, 아니
동시라고까지는 할 수 없겠지만 거의 그 무렵에, 나는 몬트
피오르에서 그해 7월부터 시작되는 마약 중독 치료 프로그
램의 의료 책임자로 남아 달라는 제안을 받았다. 센트럴 브
롱스와 사우스 브롱스의 병원에서 환자들을 위한 1차 진료
서비스로 제공되기 시작한 '950-환자 메사돈 유지 프로그
램'을 총괄할 새로운 관리자가 필요했던 것이다.

　나는 메사돈 프로그램을 관리하는 몬트피오르 보건사
회국의 국장인 빅터 시델과 만났다. 내가 경험이 없어서 그
일을 못 맡겠다고 하자, 빅터 시델은 이 일을 의사로서 훈
련을 쌓는 좋은 기회로 생각해 보라고 충고해 주었다. 고민
끝에 나는 그 일을 받아들이기로 했다. 무엇보다도 2년 임
기 동안 내가 정말로 하고 싶은 일이 무엇인지 시간을 두고
찾아보면 되겠다고 생각했기 때문이다. 1984년 7월, 나는
레지던트 과정을 마치고 마약 중독 치료 프로그램의 담당
자로서 일을 시작했다. 그리고 6개월이 채 지나기도 전에
나는 내가 진정으로 하고 싶은 일이 무엇인지 찾게 되었다.

*

새로운 일을 시작한 그날부터 나는 거의 천 명에 가까운 환
자들을 돌보는 1차 진료 기관의 의사가 되었다. 환자들은
모두 과거에 헤로인 중독자였거나 현재 중독되어 있는 상

태였다. 그곳은 약간의 기능 장애 정도를 다루는 가족 건강 센터와는 전혀 다른 세상이었다. 내가 새 직장에 대해 품고 있었을지도 모를 환상은 출근 첫날 밤 새벽 두 시에 한 통의 전화를 받음으로써 완전히 깨져 버렸다. 졸린 눈을 비비며 전화를 받자, 할렘 경찰서 소속이라는 한 경찰관이 이스트 강에서 남자 시체를 한 구 건졌는데 그 남자의 주머니에서 내 이름이 적혀 있는 메사돈 두 병이 나왔다면서 혹시 이 사건에 대해 아는 것이 없는지 물어보았던 것이다. (물론 나는 아는 것이 없었다. 모든 환자의 메사돈은 처방을 내리는 의사가 직접 조제하기 때문에 의료 관리자의 지시는 필요하지 않았다.) 나는 아무것도 모른 채 발을 들여놓은 이 새로운 세계에 또 어떤 놀라운 일이 나를 기다리고 있을까 생각하며 다시 잠이 들었다.

대부분의 사람들이 기존의 경험을 자기가 현재 하고 있는 일에 적용하듯 나도 가족 건강 센터에서의 경험들을 새 일에 적용했다. 하지만 여기서는 내가 담당하는 사람들이 마약 사용자들이라는 사실을 분명히 인식하는 것이 무엇보다 중요했다. 지금 생각해 보면, 내가 정맥 주사용 마약 사용자(또는 좀 더 일반적인 표현으로 주사 마약 사용자)들을 상대로 최초의 경험을 얻기까지의 과정도 여러 가지 면에서 예상 가능했던 일이며, 전혀 특별한 일은 아니었다. 예를 들어, 처음에 나는 HIV에 감염된 마약 중독 환자들이 오직 나만이 그들을 이해하고 도와줄 수 있는 사람이라고 말해 줄 때 강한 자부심과 만족감을 느꼈다. 그들이 의도적으로 나에게 그렇게 보이고 싶어 했다거나 내가 다른 의사들보다 더 세심하게 환자들을 배려했다는 말이 아니다. 오히려 그것은 "경계선 인격 장애"[27]를 지닌 마약 중독자들이 세상을 보는 관점이 어떤 것인가를 보여 주는 것이다. 그들은 초기 단계에는 자기를 돌봐 주는 사람을 완전히 좋은 사람 아니면 완전히 나쁜 사람으로 인식한다. 그들이 그렇게 생각하는 동안에는 나는 어떠한 실수도 하지 않는 존재인 것이다. 이제 막 훈련 과정을 마친 젊은 의사에게 '당신은 신神의 일을 하고 있다' 는 확신을 심어주고자 할 때, 뉴욕 시의 건강 보건 계통에서 일하는 사람들 중에 오직 당신만이 믿을 수 있고 또 필요한 사람이라고 말해 주는 것보다 더 강력한 방법이 있을까.

하지만 환자들의 요구를 들어주기 위해서는 나 자신의 감정을 억제해야 하기 때문에, 내 전능함의 이면은 그만큼의 고통일 뿐이라는 사실을 나는 곧 깨닫게 되었다. 일을 열심히 하면 할수록, 또 열심히 노력하면 할수록 환자들의 요구는 급격히 늘어나는 것만 같았다. 일에 매달리면 매달릴수록 불안하고 초조해져서 나는 점점 혼란에 빠져들었다.

"지금의 그대보다 더욱 헌신적으로"라는 높은 이상을 지니고 일한다면, 당연히 잠시 동안은 만족할 수 있을 것이다. 그러나 계속 그렇게 하기는 어렵다. 이런 상황에서 고난은 결국 참을 수 없는 분노로 바뀌게 된다. 그 분노는 노여움, 위축, 좌절을 불러오고 결국에는 신경쇠약에 걸릴 수도 있다. 의사가 아무리 도와주려고 해도 도움을 받으려 하지 않는 사람이나 의사의 순수한 뜻을 의심하는 사람을 볼 때면 이러한 과정에 가속도가 붙게 마련이다. 어느 경우든 의사의 가슴에 새겨진, 다소 가장된 의사로서의 자아상은 여지없이 무너지고 만다. 가족 치료 요법의 이론적 틀을 빌어 설명한다면, 치료사들은 강력한 힘을 지닌 구조자, 힘없는 희생자, 격분한 가해자라는 삼각형의 세 변을 우왕좌왕하는 자신의 모습을 쉽게 발견할 수 있을 것이다. 그리고 이 세 가지 중 그 어떤 역할도 만족스러울 수는 없으며, 어떤 역할을 맡든 그에 따르는 대가를 치러야만 한다.

다행히도 나는 신경쇠약에 걸리거나 정신착란에 빠져버리기 전에 이 역학 관계 안에서 나름대로의 관점을 세울 수 있었다. 나중에서야 안 것이지만 내가 세웠던 그 관점은, 환자들에게 지나치게 몰두할 뿐이었던 그때까지의 내 인생에서, 이전에 겪은 상실을 인식하고 인정해 가는 과정의 결과물이었다. 불행히도 내가 그 관계를 깨닫기까지는 그 후로도 여러 해가 걸렸지만 말이다. 아무튼 지금은 하던 이야기를 계속하기로 하겠다.

*

1984년 여름, 마약 환자 치료 업무를 시작한 지 3주가 되었을 때 나의 첫딸 키라가 태어났다. 레지던트 과정의 마지막 해를 기다렸다가 내 아내 낸시는 아기를 가졌다. 우리는 부모가 된다는 것을 두려워하면서도 그 새로운 미지의 세계를 간절히 고대하고 있던 참이었다. 나는 이미 몇 년 동안의 레지던트 생활을 통해 내 삶과 나의 환자들의 삶이 어떻게 다르고 어떻게 같은지 정확히 알고 있었다. 마약 치료 프로그램에 참여하는 많은 환자들이 여성이었고, 특히 내가 돌보는 환자들 중에는 임신 중이거나 아이를 출산한 사람들도 많았다. 키라를 낳고 2년 후에 둘째 딸 케이시가 태어났다. 그때쯤, 나는 가끔씩 임산부 환자들과 아이에 관한 이야기를 하곤 했다. 그러나 그렇게 이야기를 나누었던 여성들이 에이즈로 죽어 갈 때 나는 그저 무력하게 바라볼 수밖에 없었다. 아이들 역시 대부분 부모와 함께 죽었고, 에이즈에 감염되지 않았다 하더라도 부모가 죽은 이상 다른 친척들이나 양육 기관에 보내질 수밖에 없었다.

제대로 된 부모 역할 한 번 해주기도 전에 부모가 죽어버리는 것은 한 인간의 삶을 잔인하게 뒤틀어 놓는 일이다. 이렇게 고아가 된 아이들이 부모가 옮긴 에이즈에 감염되어 죽음의 위기에 처하게 되는 것은 더욱더 잔인하다. 자기 자식들이 에이즈로 죽는 것을 지켜보던 할머니, 할아버지들이 어린 손자를 키우겠다고 나서는 일도 많았다. 그중에서도 모랄레스 할머니는 정말 잊을 수 없다. 얼굴이고 손이고 할 것 없이 꺼칠꺼칠하고 울퉁불퉁한 주름투성이였던 여장부 스타일의 그 할머니는, 서른 살의 나이로 파종결핵에 걸려 죽은 딸을 보기 위해 푸에르토리코에서 브롱스로 달려온 참이었다. 그 할머니는 이미 자식을 두 명이나 잃은 상태였다. 한 명은 에이즈, 또 한 명은 마약 복용 때문이었다고 한다. 모랄레스 할머니는 병원으로 달려와선 믿을 수 없다는 듯 나를 한참 동안 바라보다가, 도저히 믿을 수 없다는 표정으로 이렇게 물었다. 어떻게 1980년대 뉴욕에서, 그것도 이렇게 젊은 사람이 이미 수십 년 전, 자기가 어렸을 때 박멸된 병인 파종결핵으로 죽을 수 있느냐고⋯.

이런 할머니들은 강한 자식 사랑으로 조금도 주저 없이 딸과 손자들을 돌보았다. 먼저 죽어가는 자식들이 아기였을 때 했던 것처럼 그들을 씻기고 먹이고 입히면서 끝까지 간호해 주고, 자식이 죽으면 이번에는 손자들에게 그렇게 했다. 많은 할머니들이 그 일을, 다른 의무들을 물려받을 때와 마찬가지로, 순순히 받아들였다. 또 어떤 부류의 할머니들은 이 일을 신의 뜻으로 받아들였다. 환자들은 대부분 자기가 마약 중독자라거나 에이즈에 감염되었다는 사실 때문에, 또는 과거에 자신이 저지른 나쁜 행동으로 가족들이 받았던 고통 때문에 그들이 자신을 나 몰라라 할까 봐 두려워했지만, 도움이 필요한 곳에서 할머니가 자식들을 외면하는 경우는 단 한 번도 보질 못했다. 이들 할머니들이 없었다면, 에이즈의 파문은 브롱스를 거쳐 다른 지역으로까지 훨씬 더 넓게 퍼져 나갔을 것이다.

처음에는 나도 이런 할머니들과 우리 할아버지 사이의 공통점을 깨닫지 못했다. 물론 그 할머니들과 우리 할아버지는 다른 점이 훨씬 더 많다. 하지만 갑자기 아버지를 잃어버린 어린 손자를 기꺼이 맡아서 키우신 것을 보면, 그 할머니들과 우리 할아버지 사이에는 많은 공통점이 있다. 자기 자식이 에이즈로 죽은 후 우리를 보려고 손자들을 병원으로 데려오는 할머니들을 보고 있노라면, 놀이방이 끝난 후 할아버지의 거칠지만 따뜻한 손에 매달려 함께 집으로 돌아가던 어릴 때의 일이 퍼뜩 떠오르곤 했다. 그 할머니들은 무조건적인 사랑이 어떤 것인지를 우리에게 감동적으로 보여 주었다. 그러나 나의 할아버지가 그러했던 것처럼, 굳건한 그들의 존재로도 부모의 빈자리를 완전히 채워 줄 수는 없는 일이었다.

*

마약 치료 프로그램을 실시하는 세 군데 메사돈 클리닉 중 가장 큰 곳은 그냥 유니트 3이라고만 불렀다. 그곳은 사우스 브롱스 북부에 위치한 번사이드 근처 제롬 애버뉴의 전철 선로 아래에 있었다. 쉽게 이야기해서 그곳은 코딱지만 한 가게들이 줄줄이 늘어선 번사이드에서 자동차 부품 가게와 작은 "찹샵"[28]들이 줄지어 있는 제롬 애버뉴까지, 그야말로 마약과 섹스, 장물 거래의 본거지였다. 유니트 3 정문 건너편에는 빈 공터나 폐허가 된 건물들도 몇 군데 있었다. 폐허가 된 건물에는 종종 무단 거주자들이 들어가 살았고, 빈 공터에는 크랙[29]을 피우는 사람들이 몰려들었다. 병원 건물도 인간 창고[30]처럼 보였다. 환자 대기실과 진료실을 나누기 위해 간단한 칸막이가 놓여 있기는 했지만, 의사들에게 사적인 공간을 제공할 정도는 아니었다.

그때까지만 해도, 메사돈 프로그램은 환자들에게 최소한의 현장 치료만을 해줄 뿐 그 이상의 서비스를 제공하지는 않았다. 메사돈 프로그램은 처음부터 메사돈을 공급하기 위해 만들어진 것이었고, 그것을 주 임무로 상담과 추가적인 서비스를 제공했기 때문이다. 결국 그 당시에는 1차 진료가 거의 전무한 상태였다. 명목상으로는 메사돈 프로그램에도 의사가 등록되어 있기는 했지만, 일주일에 한 번씩 와서 메사돈 처방전에 서명을 하고 돌아가는 은퇴 직전의 비상근직 의사가 대부분이었다. 다행히도 내가 몬트피오르의 프로그램에 참여했을 때에는 내 전임자가 좀 더 실질적인 의료 서비스를 제공하기 위해 몇 년 전부터 노력해오던 중이었다. 그럼에도 불구하고 처음 맞닥뜨린 주위 여건은 너무 원시적이었다. 그러나 이 모든 것들이 에이즈와 함께 변했다.

유니트 3 클리닉의 진료실은 너비 8피트, 길이 10피트 정도인 방으로, 칸막이를 쳐서 대기실과 작은 방을 구분해 놓았는데, 진료실을 중심으로 대기실의 반대편에는 싱크대 한 칸과 책상이 놓인, 진료실보다 더 작은 방이 하나 붙어 있는 구조로 되어 있었다. 그곳에서 우리는 태아 검진 프로그램과 1차 진료 서비스를 개시했다. 그 당시 내가 그곳의 책임자로서 역점을 두어 구입한 최초의 물품 중 하나는 임신 20주가 넘은 태아의 심장 박동 소리를 들을 수 있는 태아용 이동식 초음파 청진기였다. 그러나 임산부가 난생 처음으로 자기 뱃속에 있는 아기의 심장 박동 소리를 들을 수 있도록 하기 위해서는 비좁은 대기실 문을 열고 나가, 거기에서 떠들고 담배 피우고 먹고 마시고 게다가 심지어는 싸우기까지 하는 환자들에게 조용히 해달라고 몇 번씩이나 말해야만 했다.

처음에는 환자들이 대기실에서 시끄럽게 떠들거나 소동을 일으키는 것은 물론, 심지어는 막무가내로 자기를 먼저 진찰해 달라고 떼를 쓰면서 진료실 문을 두드리는 일도 흔했다. 메사돈 프로그램에 참여하던 중에는 물리적인 위협을 받은 적도 몇 번 있었다. 그중 한 번은 어느 날 아침에 일어난 일이었다. 나는 임산부의 골반 검사를 하고 있는 중이었다. 그때 갑자기 문의 손잡이가 마구 흔들리더니 곧이어 격렬하게 문을 두드리는 소리가 들려 왔다. 다행히 문은 잠겨 있었다. 내가 문 쪽으로 다가가자, 헨리라는 이름의 한 남자가 의사를 찾으며 뛰어들어왔다. 그는 떡 벌어진 어깨에 몸무게가 90kg도 넘는 덩치 큰 흑인으로 몹시 화가 난 상태였다. 무작위 소변 검사 결과 헤로인 양성 반응이 나와 당분간 메사돈을 받을 수 없게 되었기 때문이었다. 내가 헨리에게 이 문제는 좀 더 기다려야 해결되는 것이라고 말하자, 그는 점점 위협적인 어조로 목소리를 높이기 시작했다. 더 이상 생각할 것도 없이 나는 헨리에게 다가가 여기는 진료실이며 그러한 행동은 받아들일 수 없으니 즉시 대기실로 돌아가는 것이 좋겠다고, 그리고 만약 그렇게 하지 않으면 앞으로는 절대 만나 주지 않겠다고 크고 단호한 목소리로 말했다. 그런 상황에서 흔히 그렇듯이, 순간 무거운 침묵의 시간이 흘렀다. 잠시 후 풍선에서 바람 빠지는 듯 한숨 소리를 내면서 멈춰선 헨리는 나를 바라보았다. 그러고는 손을 내밀어 나에게 사과했다.

그 사건은 우리 의료 서비스를 정의해 주는 것처럼 보였다. 적어도 나는 그 순간에 우리 의료 서비스가 이렇게 얼토당토않은 환경에서도 정착해 가고 있다는 사실을 깨닫게 되었으니까 말이다. 그 사건이 있고 몇 년이 지난 뒤, 병원에 입원해 있던 헨리를 찾아가 그때의 일을 놓고 농담을 주고받았던 일이 생각난다. 그 무렵, 헨리는 에이즈 단계로 발전하여 몸무게가 40킬로그램도 안 되었고, 흔히 나타나는 에이즈 합병증이던 거대세포바이러스 망막염에 걸려 이미 실명한 상태였다. 그렇게 인상적인 첫 대면 이후 그는 나를 특히 더 좋아했던 것 같다. 그리고 그것은 나도 마찬가지였다.

우리 의료 서비스가 자리를 잡아가기 시작하자 환자들은 호응을 잘해 주는 정도를 넘어 우리를 보호해 주기까지 했다. 혹시 내가 거리에서 무슨 일을 당하게 되면, 자기가 "처리"해 주겠다고 나서는 환자가 한두 명이 아니었다. 병원 관계자들이 병원을 오갈 때 주의 깊게 바라보며 관찰하는 것이 일상적인 습관인 환자들도 있었다. 한 번은 새로 들어온 간호사가 씩씩거리며 진료소에 들어섰다. 밖에 세워둔 그녀의 차에서 누군가 배터리를 빼갔다는 것이다. 환자 한 명이 이 사건을 알게 되었는데, 그날 저녁 무렵 배터리는 제자리로 돌아와 있었다.

또 언젠가 페니라는 이름의, 순해 보이지만 고집이 보통 아닌 나이든 백인 여성을 치료할 때의 일이었다. 그녀는 마흔여덟 살이었지만 육십 대는 되어 보이는 얼굴이었다. 마흔다섯이 넘었으니까 거리에서의 기준으로 보면 노인 축에 속했다. 그 나이가 되도록 페니가 거리에서 버틸 수 있었던 것은 그 고집스러움과 음험함, 그리고 행운 덕분이었을 것이다. 얼마나 바늘을 꽂아 댔던지 팔에 더 이상 바늘을 꽂을 자리가 없자 그녀는 다리에다 마약 주사를 놓고 있었다. 그녀는 종아리 부근에 진물이 흐르는 종기가 생겨서 병원에 찾아왔는데, 코카인 또는 코카인과 가성 홍분제를 섞은 약품이나 컷[31](그 속에 들어가는 약품 중에서는 아돌프 고기 연화제[32]가 그나마 제일 괜찮은 성분이다) 따위를 주사해 댄 덕분에 매주 올 때마다 상태가 나빠지고 있었다. 이런 종기들은 감염될 가능성이 높기 때문에 지속적으로 항생제를 써야 하고, 심하면 죽은 피부 조직을 제거하는 수술을 해야 하는 경우도 있다. 다행히 그녀의 상처는 회복되는 중이었기 때문에 연고를 바른 붕대로 종기를 덮어 주었다가 매주 갈아 주는 정도의 치료를 해주고 있었다. 그날도 나는 의료 시설이 미비한 임시 치료실에서 헌 붕대를 잘라내고 새것으로 갈아주려고 이리저리 가위를 찾고 있었다. 그때 무엇인가 찰칵 하는 소리가 들려왔다. 뒤를 돌아보니 페니가 부츠 속에서 6인치나 되는 잭나이프를 꺼내 들고 있었다. "여기요, 선생님." 그녀는 틈새가 벌어진 이를 드러내며 씩 웃고는 이렇게 말했다. "이거 쓸 줄 아세요?"

그해 겨울 어느 금요일 늦은 오후, 나는 흐트러진 옷차림에 입에서는 술 냄새를 풀풀 풍기면서 가슴이 아프다고 웅얼거리는 한 환자를 진찰해야 했다. 진료소 측은 이미 업무를 마감할 준비를 하고 있었고, 의사들은 대부분 퇴근한 후였으니까, 금요일 오후에 일어날 법한 일 중에서도 그날의 일은 최악의 재난이었다고 말할 수 있을 것이다. 환자의 셔츠를 열어젖히자 폭이 1.5인치 가량 되고 피부 속으로 깊이 파고 들어간 종기가 터져서 냄새 지독한 고름을 쏟아내고 있는 것이 보였다. 그는 "아하, 그게 그동안 거기 있었군요, 선생님!" 하고 중얼거렸다. "지금까지는 괜찮았는데…." 나는 도대체 이 종기의 깊이가 어느 정도인지 알아보기 위해 상처에 손전등과 면봉을 갖다 대었다. 적어도 내가 가진 해부학적 지식을 완전히 무시해 버릴 정도는 되는 것 같았다. 창 밖에는 브롱스의 밤이 깊어 가고, 나는 미지의 항로를 탐사하는 모험가처럼 그의 시꺼먼 가슴을 진찰해 나갔다. 보통의 의료 환경과는 너무나 동떨어진 그 초라한 진료소에서 나는 내가 다른 세계로 가고 있다는 그런 느낌을 받았다.

*

에이즈에 깊이 빠져들수록, 나는 에이즈를 자신과는 전혀 상관없는 일이라고 생각하는 사람들을 보면 화가 났다. 내가 보기에 그 사람들은 에이즈에 대해서 잘 알지도 못하면서 그것을 일부러 무시하고 있는 것처럼 보였다. 이미 내 인생의 목표가 되어 버렸고, 얼마 지나지 않아 브롱스뿐만 아니라 다른 지역에서도 긴급한 문제로 대두될 것이 뻔한 에이즈를 말이다. 그렇게 에이즈에 대해 조바심을 냈던 것은 나의 젊은이로서의 치기 때문이기도 했지만, 에이즈의 전염성이 그만큼 막강했기 때문이기도 했다. 실제로 에이즈 때문에 모든 것이 변하고 있는 것처럼 보였다.

병원을 순회하며 가족 건강 센터를 담당하고 있을 때의 어느 주말이 생각난다. (나는 전에 몬트피오르의 가족 건강 센터에서 일할 때의 동료 의사들과 함께 환자들을 위해 기획을 하나 한 적이 있었다. 주말마다 동료 의사들은 나의 메사돈 프로그램 환자들을 돌봐 주고, 나는 건강 센터에서 그들의 환자들을 돌본다는 내용이었다.)

나는 내 담당 환자들을 살펴보고 건강 센터를 회진하는 일로 하루를 보낸 후, 마지막으로 당뇨병을 앓고 있는 65세의 환자 한 명을 보러 갔다. 그 환자는 다음날 아침 왼쪽 집게손가락의 일부를 절단하는 수술을 받기로 되어 있는 "수술 전" ─ 내 경험에 의하면, 이 말은 일반적인 수술 환자보다 성性을 바꾸려고 수술을 기다리는 성 전환 환자를 더 연상시킨다 ─ 환자였다. 그의 병은 뼈가 병균에 감염된 만성 골수염이었고, 여러 주 동안 항생제를 투여하다가 결국 수술을 받기로 결정한 경우였다. 만성 골수염은 흔히 당뇨병의 합병증으로 발병하는데, 치료는 거의 불가능해서 일단 발병하면 감염된 조직을 제거하는 것 말고는 다른 방법이 없었다.

환자를 보기 위해 병실에 들어갔을 때, 내가 그에게서 받은 첫인상은 매우 늙고 비만인 환자구나 하는 것이었다. 그리고 그 다음 인상은 이 사람이 실은 의대 시절과 레지던트 과정에서 수없이 봐왔던 환자들과 매우 흡사한, 전형적인 환자라는 것이었다. 내가 메사돈 프로그램에서 돌보는 환자들은 대부분 눈이 움푹 들어가고 비쩍 말랐으며 30대에 죽음을 목전에 두고 있는데 반해, 그는 나이가 훨씬 더 들었고 훨씬 더 뚱뚱했다. 몇 마디를 나누어 보니 그는 다음날 있을 수술에 대해 상당히 두려워하고 있었다. 그는 손가락이 하나 없어진다는 사실에 대해 무척 상심해 있었다.

나는 갑자기 화가 났다. 그리고 이렇게 소리치고 싶었다. "이런 빌어먹을! 옆 병실에는, 아내는 이미 에이즈로 죽고, 두 살도 안 된 애 하나를 남겨 놓고 죽어 가는 서른 살짜리 환자가 있어! 그런데 당신은 그 잘난 손가락 하나 때문에 이 난리란 말이야?" 물론 말을 하지는 않았다. 대신 내가 생각하기에 그 남자에게 가장 필요하다고 생각되는 위로의 말과 격려의 말을 아끼지 않고 해주었다. 그리고 그 순간, 내가 가족 건강 센터라는 세계에서 배웠던 것을 잊고 있었음을 깨달았다. 그때부터 나는 고통에는 위계가 없다는 것을 알게 되었다. 누구에게든 고통은 존재하며, 모든 사람에게 그것은 공평한 것이다. 한동안 내가 죽어 가는 젊은이들과 아이들에 둘러싸여 살았던 탓에 잠시나마 다른 이들의 고통을 사소한 문제로 보았던 것뿐이다.

*

우리는 메사돈 프로그램에 끊임없이 밀려오는 환자들을 한 사람도 그냥 돌려보내는 법이 없었다. 시설은 열악하고 의사의 수도 절대적으로 부족했지만, 그렇게 열심히 환자들을 돌본 결과 2년 만에 신생아의 사망률과 조산율이 현격히 낮아졌고, 출산 전에 검진을 받는 임산부들의 체중은 점차 늘어나는 추세를 보였다. 하지만 여성들의 이런 문제들이 해결되자마자 또 다른 가혹한 드라마가 바로 그들에게 펼쳐지기 시작했다. 모체를 통해 태아에게 HIV가 감염된다는 사실이 알려졌고, 고통스럽게도 그 때문에 여성들은 아기를 포기해야 하는 입장에 놓이게 된 것이다. 이제 우리는 에이즈의 실체를 제대로 잡아낼 수 없을지도 모른다는 불안에 시달리기 시작했다. 우리가 한 가지 문제에 대해 효과적인 대처 방법을 찾아내면 곧바로 새로운 난국이 다른 곳에서 기다리고 있는 식이었다. 그러나 이미 그 일에 너무나도 깊이 빠져든 젊은 의사에게 새로운 장애물은 더 열심히 일할 이유이자 얼마간의 만족감을 주는 대상, 그리고 중요한 역할을 해내야 한다는 자극일 뿐이었다.

내가 메사돈 프로그램의 책임자로 일하기 시작한 1984년부터 결국 몬트피오르를 떠난 1992년 초까지, 프로그램에 참여한 의료진들은 매주 목요일마다 한자리에 모여서 주례 회의를 열었다. 어떤 환자가 새로 들어왔으며 그 환자의 문제점은 무엇인지, 그리고 에이즈의 끝도 없는 맹공에 어떻게 대처해야 할 것인지 하는 것이 회의의 주 내용이었다. 처음에 우리 의료진은 나와 프로그램의 중추적 역할을 담당하는 내과 보조의 세 명 그리고 반나절만 근무하는 내과의 두 명으로 구성되어 있었다. 메사돈 프로그램은 원래 900명이 넘는 정맥 주사용 마약 사용 환자들을 위한 것이었기 때문이다. 그러나 에이즈 환자가 늘어나면서 우리 의료진의 수도 함께 늘어났고, 1980년대 말에는 처음 인원의 세 배가 넘는 숫자가 되었다. 병원 근처에 있던 우리 프로그램의 운영실에서 작은 테이블에 둘러앉아 했던 주례 회의가 나중에는 병원 도서관 회의실에서 커다란 테이블을 놓고 해도 자리가 모자랄 정도였다.

내가 검은색 바인더에 환자들의 이름을 적어 놓았기 때문에, 매주마다 우리는 그 전주에 죽은 환자들을 참고할 수 있었다. 초기 몇 년 동안은 고열이나 오한, 숨참 또는 발작 때문에 구급차에 실려 병원에 온 사람들이 사망자 명단의 대부분을 차지했다. 이들 환자들은 폐렴이나 돌발성 세균 감염 등 대표적인 초기 에이즈 관련 질병으로 사망했다. 나중에는 합병증으로 고통 받는 기간이 길어지고, 마지막 순간에 잠깐 진정되는 기미를 보이다가 사망하는 환자들의 수가 많아졌다. 심지어 어떤 환자들의 경우, 몸이 쇠약해지고 시력을 상실하고 요실금 증세를 보이다가 에이즈 때문에 치매가 와서 말을 못하는 증세까지 보이는 등 상태가 점점 악화되는 것을 다 경험하고 나서야 겨우 죽음에 이르는 것을 볼 때면 차라리 빨리 죽는 게 낫겠다 싶을 정도였다.

주례 회의 때마다 사망자의 이름을 한 명씩 호명하는 행위는 섬뜩하게도 다니엘 디포[33]의 『대역병의 해』를 떠올리게 했다. 그 작품에서 디포는 대역병이 발생했던 1665년 당시 런던의 각 구역별 사망자 수를 일주일 단위로 꼼꼼하게 열거하고 있다.[34] 환자들의 이름과 사망일, 사망 장소, 사인 등을 하나씩 써내려갈 때, 다니엘 디포와 마찬가지로 우리가 할 수 있는 일이라고는 죽은 자들의 명부에 이름을 추가할 사람들을 줄쳐진 종이 위에 최대한 깔끔하게 기록하는 것뿐이었다. 정말이지 우리는 스스로를 저 대역병의 도래를 증언하는 사람들이 아닐까 하고 느낄 정도였다. 사실 수없이 밀려드는 환자들이 병에 걸려 죽어가고 있는 것을 알면서도 우리는 어떻게 손대 볼 방법조차 없이 그저 바라볼 수밖에 없었으니까 말이다. 처음에는 한 달에 한 명, 조금 지나서는 한 달에 두 명, 또 조금 지나서는 일주일에 한 명, 어떤 때는 그보다도 더 많이…. 사망자 수는 이런 식으로 늘어갔다. 며칠 동안 사망자가 없다가도, 단 며칠 사이에 네다섯 명의 환자가 한꺼번에 죽어가는 그런 양상이었다.

의대 시절과 레지던트 과정을 통틀어도 내가 직접 담당했던 환자들 중 사망한 사람의 수는 열손가락을 넘지 않았다. 그리고 한 사람을 제외하면, 그 사망자들도 모두 80

세가 넘는 고령이었다. 그러나 메사돈 프로그램으로 옮긴 후 내가 담당한 환자들 중 사망자는 어림잡아도 수백 명에 달하고, 단 한 사람을 제외하면 모두들 채 오십도 되지 않은 나이들이었다. 1984년에서 1987년 사이, 이미 그 나이 또래의 사망률을 10배나 더 넘고 있던 우리 메사돈 프로그램 참여 환자들의 사망률은 에이즈 덕분에 다시 3배나 더 높아졌다. 사망자들 대부분은 나와 대여섯 살 정도밖에 차이가 나지 않았다.

*

그 무렵 프랑스 의사들과 연구 조사단이 우리 병원을 방문한 적이 있었다. 그들은 사우스 브롱스에서 번지고 있는 이 새로운 역병의 영향을 직접 살펴보기 위해 온 사람들이었다. 그때 이미 유럽 지식인층 사이에서 사우스 브롱스는 붕괴되는 미국 사회의 모습을 적나라하게 보여 주는 상징적인 곳으로 인식되고 있었다. 그들과 우리는 우리 병원과 병원 주변의 환경을 살펴본 후, 건힐 거리의 몬트피오르 종합병원 근처에 있는 한 낡은 아일랜드식 술집으로 들어갔다. 기네스 맥주와 톡 쏘는 매운 향이 나는 골루아즈 블뢰[37]를 앞에 놓고, 그들은 유리와 강철로 만들어진 최첨단 건물들이 즐비한 맨해튼과 황폐한 브롱스가 어떻게 같은 도시 안에 존재할 수 있는지 이해할 수 없다고 했다. (그 사람들에게 파리의 샹젤리제 거리와 우중충한 파리 교외 지역이 얼마나 다른지를 굳이 상기시킬 필요는 없었다. 이것은 그 규모만 봐도 전혀 다른 차원의 문제였다.)

프랑스 조사단의 일원인 한 문화 인류학자는 이야기를 나눈 일부 환자들의 세계관이 유럽 초기 농민 문화에서 볼 수 있는 세계관과 비슷한 것 같다고 했다. 그러한 세계관에서 죽음이나 재난은, 그것이 전쟁에 의한 것이든 기근이나 자연 재해에 의한 것이든 또는 영주의 변덕스런 기분에 의한 것이든 간에, 언제 어디서나 존재했기 때문에 그만큼 일상적인 것이었다고 한다. 그러한 문화적 환경 속에서는, 건강한 젊은이들이 갑자기 아무런 예고도 없이 죽는 것이 정상적인 것으로 받아들여졌다. 그것은 절대 긴급 상황이 아니었다. 그저 세상을 살아가는 이치였을 뿐이다.

나는 내가 참석했던 장례식들과 그 장례식을 치르던 사람들의 얼굴을 다시 한 번 생각해 보았다. 그리고 고아가 된 손자 손녀들을 키우겠다고 하던 할아버지, 할머니들의 얼굴을 하나씩 떠올려 보았다. 그들에게 있어서 죽음은 너무나도 낯익은 손님이었다. (오래 된 블루스 곡 가사 중에 이런 것이 있다. "그가 당신 집에 올 거라네. 그러나 와서 오래 머물진 않지/잠시 다른 곳을 보는 사이 당신 가족 중 하나를 데려 간다네/이승에서 죽음은 자비롭지 않지.") 그러나 그런 생각을 해봐도 에이즈의 위압감이 줄어드는 것은 아니었다. 에이즈라는 것은 과거로부터 세상 사는 이치로 전해져 온 것이 아니라는 사실을 생각해 보면, 과거 유럽 농민들이 생각했던 죽음과 에이즈로 인한 죽음 사이에는 분명한 차이가 존재한다. 에이즈는 새로 나타난 것일 뿐, 나타나리라고 예상되던 것이 아니었다. 에이즈가 세상을 바라보는 눈을 돌이킬 수 없을 만큼 바꾸어놓은 것은 사실이지만, 중세 농민 문화의 마구잡이 죽음과는 달리, 세상을 바라보는 관점의 일부로 언제나 에이즈가 있어 온 것은 아니었다. 그리고 그 새로움으로 인해 에이즈는 더 혹독하고 더 강력하게 느껴지게 되었다.

프랑스 조사단이 방문하고 얼마 지나지 않아서 이런 일도 있었다. 나는 우간다의 한 지방 보건소에서 몬트피오르에 있는 우리 보건사회국의 국장 앞으로 보낸 편지의 복사본을 받았다. 손으로 직접 쓴 그 편지는 고등학생이 쓴 작문을 떠올리게 할 정도로 정중하고 깨끗하게 씌어져 있었다. 냉철하면서도 호소력 있는 어투로, 편지의 필자는 에이즈가 자기가 살고 있는 마을을 어떻게 황폐화시켰는지에 대해 적고 있었다. 암담하게도 마을 청년들이 "슬림 병"[38]에 걸려 물고기를 잡을 수도 노동을 할 수도 없게 되었고, 때문에 그들의 가족들은 수입과 생산이 끊어져 고통을 받기 시작했으며, 병자들의 부인과 아이들도 에이즈에 걸리거나 영양실조로 쓰러지기 시작했다. 많은 아이들이 고아가 되었고, 어떻게 해서든 에이즈를 피해 보려는 젊은이들은 이미 그 지역을 떠나버렸다. 그 마을에서는 더 이상 생존할 수 있는 방법이 남아 있지 않기 때문이다. 그곳은 점점 더 황폐해져 갈 뿐이며 글자 그대로 그들의 피를 말려 놓는다는 내용이었다.

그 편지는 필사적으로 도움을 요청하고 있었다. 나는 세계 곳곳의 얼마나 많은 의과 대학의 학장들에게 이런 편지가 전해졌을지, 그리고 그 편지를 받은 사람들의 반응은 어떠했을지 문득 궁금해졌다. 우간다에서 일어난 재앙은 너무나도 끔찍한 것이어서 나는 할 말을 잃었다. 그것은 마치 9시 뉴스에서 흘러나오는 엄청난 재난을 보고 충격을 받아 두려움에 떨면서도, 막상 재난을 당한 사람에게는 아무런 도움도 주지 못할 때 느끼는 그런 기분 같았다. 그런 무시무시한 사건을 당하는 사람과 안방에서 텔레비전으로 그것을 지켜보는 사람들 사이의 거리라는 것은, 우리가 그 사건을 비현실적이라고 느끼기에 충분할 정도는 되니까 말이다. 그리고 별로 인정하고 싶지는 않지만, 그 거리 덕분에 안방에 가만히 앉아서 지켜보는 사람들은 자기가 그 일을 당하지 않았다는 사실에 어느 정도 위안을 받는 것도 사실이다.

하지만 이번 경우는 조금 달랐다. 사건 현장으로 편지가 직접 날아온 것이다. 편지에 쓰인 상황이 조금 더 심각하기는 했지만, 상황 상으로는 사우스 브롱스의 몇몇 지역에서 우리가 직접 목격했던 것과 매우 흡사했다. 인구 밀도가 높은 브롱스 주변 지역의 젊은 성인 인구 중 5% 이상이 HIV에 감염되어 있을 것이라는 추정은, 중앙아프리카 일부 지역에서 산출된 결과와 크게 다르지 않았다. 1990년대가 다 지나기도 전에 뉴욕에서 에이즈 관련 고아가 수만 명이나 발생하게 될 것이라는 예상 역시 우간다의 에이즈 최전방에서 보고된 현상에 필적할 만한 것이었다.

　　그러나 우간다의 어느 어촌 마을에 에이즈가 번져 그곳이 황폐화되었다는 사실과 마찬가지로 어떤 면에서는 미국의 사우스 브롱스에서 번져 가는 에이즈도 안방에 앉아 TV를 보는 대부분의 미국 사람들에게는 거리가 먼 이야기였다. 그 대부분의 미국 사람들이라는 게 무엇이든 간에 말이다. 어떤 측면에서는 에이즈에 대한 두려움, 에이즈에 대한 부정과 편견에 따라 에이즈는 나와는 "다른" 부류의 사람들만 걸리는 것이라는 인식이 만들어지고 지속됨으로써 그 거리를 더 멀어지게 한 것도 사실이다. 레이건 대통령이 전성기를 구가하고 있던 시기에 그처럼 엄청난 규모의 전염병이 어떻게 도심 취약 지구를 통해 퍼져 나갈 수 있었는지 아직도 이해할 수가 없다. 처음에 은밀하게 퍼져가던 에이즈가 나중에는 정부 고위 관리들의 관심 부족으로 더욱 확산되었던 것 같기도 하다. 그 무렵 나는 가끔씩 맨해튼의 미드타운을 산책하거나 맨해튼의 음식점에서 식사를 하곤 했는데, 그럴 때면 전염병이 퍼져 나가는 비참한 현실을 잠시나마 잊을 수 있었다. 하지만 브롱스로 돌아와 보면 현실은 더욱더 비참해 보였고, 달라진 것은 아무것도 없었다.

*

우리는 1985년에 질병통제센터의 연구 기금을 일부 받아

서 메사돈 프로그램 환자들에게 HIV 항체 검사를 시작했
다. 그 당시만 해도 HIV 항체 검사는 개발된 지 얼마 되지
않았기 때문에 아직 임상에는 사용되지 않고 있었다. 환자
들이 항체 검사를 받을 수 있는 유일한 방법은, 우리가 질
병통제센터 동료들과 공동으로 수행했던 연구 과제의 실
험 대상이 되는 것뿐이었다.

그 당시 우리의 연구 과제에 참여한 사람들은 거의 모
두가 에이즈로 죽거나 에이즈 감염자와 친한 사람들 또는
그들과 마약을 함께했던 이들이었다. 우리는 환자들이 그
연구에 대해 너무나 많은 관심과 열정을 보이는 것을 보고
놀랐다. 대부분의 환자들이 치료는 받지 못해도 에이즈 바
이러스에 감염되었는지 아닌지는 알고 싶다고 했다. 일반
적인 생각과는 정반대로 마약 중독 환자들은 자진해서 항
체 검사에 참여할 만큼 자신과 자기가 사랑하는 사람들의
건강에 대해서 걱정하고 있었다.

일단 환자들을 연구에 참여시키기 시작하자, 우리는
거의 몸을 가눌 수 없을 정도였다. 처음으로 몇 백 명의 혈
청 샘플을 질병통제센터로 보내 검사를 의뢰하던 날, 검사
에 참여한 환자들이 모두 에이즈에 감염된 것으로 결과가
나오면 어떻게 하나 생각하다가 식은땀을 흘리며 잠에서
깼던 기억이 난다. 만약 그렇게 되면 어떻게 해야 하나? 절
망에 빠진 환자들이 기찻길로 뛰어들기라도 한다면? 닥치
는 대로 아무 약이나 먹어댄다면? 과거의 파트너들을 찾아
내 일부러 에이즈를 옮겨 버린다면? 이런 가능성은 끝이 없

었다.

얼마 지나지 않아 질병통제센터로부터 검사 결과가 나오기 시작했고, 메사돈 프로그램의 환자들은 양성과 음성으로 구분되었다. 우리는 일단 환자들을 격려했다. "양성이라 해도 아직 정확한 내용은 모르니까…." 그리고 그때까지는 그것이 맞는 말이기도 했다. 하지만 우리들 마음속에서는 환자들을 두 집단으로 나누고 있었다. 어떻게든 저 대역병을 피해 나온 자와 그렇지 못한 자들로.

검사 결과, 전체 환자 중 45% 정도가 감염된 것으로 확인되었다. 45%도 엄청난 숫자이기는 했지만, 100%가 아닌 것만으로도 고마운 일이었다. 검사에 참여한 사람들이 모두 감염되었으면 어쩌나 하던 나의 불안은 전혀 근거가 없는 것이었다. 양성으로 결과가 나온 환자들도 대부분은 난폭해지거나 절망에 빠지지 않고 담담하게 그것을 받아들였다. 그들은 검사 결과를 "각성"의 계기로 삼아서, 자신의 삶의 의미를 다시 생각하고 적극적인 변화를 시도하기도 하였다.

누가 양성이고 누가 음성인지 예측할 수 없다는 것은 정말 끔찍한 일이었다. 역학 조사에서, 전체 모집단에 대한 자료를 분석한 결과, 주사 바늘을 여러 사람이 돌려쓴 경우와 마약 중독자들이 집단으로 모이는 장소에서의 마약 사용 등 HIV에 감염될 수 있는 몇몇 유동적 위험 요인을 결정할 수 있었다. 그리고 이러한 연구 결과들은 곧 의학 학술지에 발표되어, 마약 중독자들의 증가와 에이즈 확산 현상이 어떤 관련이 있는지에 대한 역학적 연구 문헌의 양을 늘리는 데 한몫했다. 하지만 모집단이 아니라 개별 환자를 분석할 때는, 이러한 위험 요인들로 환자들의 항체 상태를 예측해 낼 수는 없었다. 몇 년 동안 마약을 끊고 지냈던 사람이 양성으로 판명되는가 하면, 계속 마약을 사용하고 있는 사람은 음성 판정을 받기도 했기 때문에 우리들은 깜짝 놀라곤 했다. 에이즈 바이러스는 일정한 법칙도 없고 종잡을 수도 없이 제멋대로 움직이기 때문에 더욱 잔인해 보였고, 어찌 보면 우리를 비웃는 것 같기도 했다.

우리는 매달 기나긴 숫자의 행렬이 산뜻하게 출력되어 있는 혈액 검사 결과를 질병통제센터로부터 받았다. 각 줄의 맨 앞에는 환자들의 연구 번호가 있고, 이어서 테스트 날짜와 항체 검사 결과를 기록한 코드가 적혀 있었다. 그것을 받으면 우리 직원들은 그 번호들을 해당 환자의 이름과 맞추는 일부터 시작했다. 혈액 샘플에는 환자 번호만 적어서 보내기 때문이었다. 일종의 죽음의 제비뽑기에서 우리는 숫자 코드를 옮겨 적었다. 숫자 코드를 옮겨 적다가 테스트 결과가 양성인 것을 발견하면, 우리는 그 불운의 당첨자가 누구인지 찾으면서 그 여섯 자리 숫자와 환자 이름을 하나하나 맞추어 보아야 했다.

이렇게 환자들을 양성과 음성으로 분류하면서 나는 종종 아우슈비츠의 기차역 플랫폼 끝에 서 있던 요제프 멩겔레[37]를 떠올렸다. 그는 구원 받을 자와 그렇지 못한 자를 구분할 때 탁 하는 몽둥이 소리를 냈다고 한다. 물론 그 구원이라는 것도 잠정적인 것일 뿐이었다. 우리의 경우도 마찬가지였다. 요제프 멩겔레와 우리 사이에 차이점이 있다면, 그는 죽일 것인지 살릴 것인지를 자신이 직접 결정했지만, 우리는 마치 꼼꼼한 서기가 침울한 기분으로 인생의 장부를 기록하는 것처럼 검사 결과를 옮겨 적을 뿐이었다는 점이다.

*

늘 나쁜 소식만 전하는 저승사자라도 된 것처럼 환자들에게 HIV 항체 검사 결과를 전하는 일에도 곧 익숙해졌다. 그러나 그 일에 익숙해지기까지 상당히 힘겨운 대가를 치러야 했다. 나는 때로 심한 죄책감을 느꼈다. 환자들에게 이토록 끔찍한 사실을 알려 주게 된 것이 어느 정도는 내 책임인 것만 같았고, 막아낼 수 있었던 일을 막아내지 못한 것처럼 괴로웠다.

사실상 누가 살고 누가 죽을 것인지를 예상할 수 있는, 삶과 죽음에 대한 이 처참한 정보를 갖고 있다는 사실이 나에게는 엄청나게 강력하면서도 무력하다는 느낌을 동시에 주었다. 한편으로는 전례가 없을 만큼 명확하게 환자들의 운명을 예견할 수 있었지만, 다른 한편으로는 환자들의 운명을 바꾸기 위해 의사로서 할 수 있는 일이 아무것도 없었으니 말이다.

환자들이 에이즈 항체 검사에 동의해 놓고도 막상 검

사 결과를 인정하려 들지 않을 때는 더욱 힘들었다. 당시에
는 질병통제센터에서 검사 결과가 나오기까지 여러 주가
소요되었다. 대부분의 환자들에게 피를 뽑고 결과를 기다
리는 이 시간은 "무소식이 희소식"이라는 환상을 심어 주
곤 했다. 실제로 우리가 환자들에게 검사 결과를 찾아가라
고 이야기하지 않는 경우는 음성을 의미했다. 어떤 환자가
양성이라는 사실을 알고 있으면서도 그 환자에게 사실을
알려 줄 수 없을 때는 참으로 부담스러웠다. 에이즈에 대한
불안, 공포, 그리고 자기가 에이즈에 감염되어 다른 사람에
게 그것을 옮겼다는 죄책감을 환자들이 모두 떠안는 것처
럼, 우리 입장에서는 그 일이 거의 순교자 같은 정신을 갖
지 않고는 자발적으로 전할 수 없는 무거운 짐이 되었다.
내가 죄책감과 무력감, 사실상 내 책임이 아닌 일에 대해
책임감을 느꼈던 것에는 그럴 만한 이유가 있었다. 그것은
내가 어릴 때 겪었던 아버지의 갑작스러운 죽음과 관련이
있었다. 그러나 나는 이 사실을 몇 년이 더 지나도록 깨닫
지 못했다.

*

HIV를 검사하고, HIV에 대해 환자들과 상담할 때 겪게 되
는 가장 심각한 딜레마는 임신과 출산에 관한 문제였다.
HIV에 감염된 환자가 임신을 하게 되면 태아가 모체의 체
내에서 HIV에 감염되기 때문에, 생명을 잉태하는 행위 자

체가 아이에게 죽음을 선고하는 행위가 된다. 그것은 마치 바이러스로 실체화된 죽음의 그림자가 삶에 대한 갈망이나 삶을 창조하려는 열망을 더욱더 강렬하게 뿜어내는 것처럼 보였다. 이보다 더 복잡한 문제는, 모든 임산부가 아이에게 바이러스를 옮기는 것은 아니라는 것을 알지만, 어떤 임산부가 아이에게 감염을 시키고 또 어떤 임산부는 아닌지를 전혀 예상할 수 없다는 것이다.

내가 임신한 여성 문제에 그렇게 몰두했던 것은 아마도 그 무렵이 두 딸이 태어난 시기였다는 점과도 관련이 있을 것이다. 임신 기간 동안 낸시와 나의 환자들이 겪는 일들이 너무나 똑같아서 나는 임산부 환자들에 대해 특별한 친근감을 느끼곤 했다. 처음 세 달 동안의 입덧을 극복하는 방법, 몸무게가 늘어나면서 평소에 입던 옷이 맞지 않게 되는 상황, 태동을 느끼는 것, 난생 처음으로 뱃속에 있는 아기의 심장 박동 소리를 듣는 것, 출산할 때의 진통을 걱정하거나 혹시 무슨 일이 생길까봐 불안해하는 모든 것이 똑같았다. 노련한 비행기 조종사가 비행기 착륙을 시도할 때 머릿속으로 착륙 과정을 계속해서 생각하듯, 임산부들은 아이 낳는 것을 생각하고 또 생각하다가 마침내 건강한 아이를 낳아 처음으로 가슴에 안아 보는 순간이 되어서야 비로소 달콤한 피로감과 안도감을 느끼는 법이다.

그러나 내 가족과 내 임산부 환자 가족의 진로는 확연히 달랐다. 이따금씩 아기가 태어나기 전부터 그렇게 되는 경우도 있었지만, 특히 아이가 태어난 후부터는 완전히 달

라졌다. 나로서는 어떻게 해줄 수도 없는 일이었다. 내가
치료했던 여자 환자들의 대부분은 남편이 없거나 무척 가
난했고, 아이는 물론 자기 자신에게도 위험한 생활 조건에
서 살아가고 있었다. 나는 그때 나에게는 아이들을 안전하
게 보호하고 잘 키울 수 있는 보호막이 있다는 것을 알게
되었다. 그리고 내 환자들은 결코 자기 아이들에게 그런 보
호막을 제공해 줄 수 없다는 사실도 알게 되었다. 물론 내
환자들의 아이들에 대한 사랑이 부족하다거나 부모로서의
능력이 부족하다는 말은 아니다.

　이러한 차이점이 HIV에 감염된 환자들에게서는 더욱
뚜렷하게 나타났다. 어떤 여성들은 몸은 물론이고 정신 건
강까지 나빠지기 시작하면서 자기 아이들을 돌보는 일마
저 차츰 소홀히 하게 되었다. 이것은 명백히 가족의 붕괴를
의미했다. 이모나 할머니가 죽어 가는 이 젊은 여성들을 보
살피면서 이따금씩 아이들까지 돌봐야 했다. HIV에 감염
되지 않았다고 해도 태어난 아이들은 부모 잃은 슬픔을 겪
어야 했다. 한편으로 그 아이들은 살아남은 것 자체에 감사
하는 법을 배워 갔다. HIV에 감염되어 태어난 아이들의 경
우, 정상적으로 잘 자라다가도 갑자기 상태가 나빠지는 것
을 자주 볼 수 있었다. 이 아이들은 대부분 생후 6개월에서
9개월까지는 별다른 자각 증상 없이 잘 자랐다. 엄마들은
정기 검진을 위해 병원을 찾아올 때마다 처음으로 고개를
가누게 되었거나 뒤집을 수 있게 된 아이들을, 또는 처음으
로 혼자 앉거나 일어설 수 있게 된 아이들을 자랑스러운 듯

데려오곤 했다. 그러다가 어느 날 갑자기 HIV 증세를 보이는 환자가 되어 버렸다. 아이들의 몸무게가 줄기 시작하면서 비디오테이프가 거꾸로 돌아가듯 이미 더 어린 나이에 모두 통과했던 성장 과정을 역행해서 혼자 앉거나 설 수도 없게 되어 버리는 것이다. 그것을 지켜보는 것이 나로서는 가장 고통스러운 일이었다. 내 아이들은 씩씩하게 잘 자라고 있었지만 그 아이들은 그렇지 못했다. 자궁 속 깊숙한 곳에 숨어 이따금씩 톡톡거릴 뿐이면서도 결코 끊이지 않는 심장 박동을 느낄 수 있을 때 처음 만났던 그 아이들은 그렇게 퇴행하고 바짝 마르다가 죽어 갔다.

지금 와서 생각하면, 그런 환경에서 여러 해 동안 일하면서 환자들과 그렇게 강력한 인간적 유대를 가질 수 있었던 것이, 환자들과의 감정적 거리를 좁힐 수 있었던 것이 그리고 환자와 의사 사이에 존재하는 경계를 없앨 수 있었던 것이 상상하기 어렵지는 않다. 의대 시절, 또 레지던트 시절에 나와 환자들 사이에 존재했던 거리감은 병원에서 나와 너무나 닮은 모습으로 살아가는 젊은 환자들에 둘러싸이는 순간 사라져 버렸다. 환자와 나 사이가 그렇게 가깝고 또 비슷한 점이 많다는 생각은 자기 존중과 확신의 원천이 되어 주었다. 그러나 동시에 그런 생각은 올바른 전망과 진단을 못하게 되거나 환자와의 사이에 선을 긋는 데 실패하거나, 또는 환자를 치료하는 사람에게 무거운 짐이 될 수 있다는 걸 의미하기도 했다. 적어도 내 경우에는 그랬다.

내가 돌본 아이들 중에서도 내 딸들과 생일이 같은 아

이들에게는 더 마음이 갔다. 그 아이가 아프기 시작하면 내 딸도 아프지 않을까 하는 생각이 들었다. 그럴 때면 집으로 달려가 귀여운 내 아이들의 향기를 흠뻑 맡고 아이들에게 아무 일도 없다는 것을 확인한 후에야 안심이 되곤 했다. 일을 마치고 집으로 돌아가면 언제나 치르는 일종의 의식 같은 것도 있었다. 바로 문 앞에서 신을 벗고 "평상복"으로 갈아입은 다음 손과 발을 씻는 일이었다. 마치 브롱스에 있 는 에이즈 환자들과 우리 식구들이 살고 있는 세계 사이에 상징적인 방법으로나마 경계를 만들어 놓으려는 것처럼 말이다.

내가 아무런 이유 없이 이렇게 한 것은 아니다. 폐결핵 환자들을 많이 치료할 때 우연히 폐결핵 환자한테 썼던 주 사 바늘에 찔린 후 HIV에 감염되었다고 믿었던 적도 있었 으니까 말이다. 그런 상황에서는 혹시 내가 병에 걸려서 가 족들에게 병을 옮기게 되는 것은 아닐까 걱정하지 않을 수 없었다. 나는 저 무시무시한 대역병으로부터 우리 가족을 지키기 위해 보호막을 쳐야만 했다. 그것이 스스로 안심할 수 있는 길이기도 했다. 경계를 두고 싶은 마음에 시작한 일이라고는 하지만 울타리로 보기에는 너무나 미흡해서 에이즈의 위협으로부터 가족들을 지켜 줄 수 있는 수준으 로는 보이지 않았다.

지금 생각해 보면, 그 젊은 환자들과 그들의 아이들이 겪어야 했던 상실과 도전이 내 삶의 그 무엇과 공명하고 있 었다는 사실을 그 당시에는 어떻게 그렇게까지 간과할 수

있었는지 모르겠다. 갑작스럽고도 이상한 방식으로 닥쳐
온 죽음의 그림자 때문에, 부모들은 죽어가고 아이들은 상
처 입고 가정은 파괴되어 버리는 것, 이러한 문제들은 내가
의식했든 의식하지 못했든 나 자신의 경험을 이루는 내용
들이었는데도 말이다. 임산부 환자들을 치료하고 그들의
가족을 지켜보았던 경험은, 내가 에이즈에 빠져든 이유가
나와 내 가족과 직접적인 관련이 있다는 것을 깨닫게 해주
었다. 그러나 자신과 세계를 바라보는 시각에 근본적인 변
화를 불러일으키는 전체적 인식이 그러하듯이, 어느 날 갑
자기 완전히 깨닫는 순간이 올 때까지 나의 깨달음은 내 속
어딘가에서 천천히 형성되고 있었다.

*

내가 아는 한, 에이즈 환자를 치료하는 사람들은 누구나 자
기가 에이즈에 감염된 것은 아닐까 하는 두려움을 가지고
있었다. 그런 두려움을 어떤 사람들은 이성적으로 극복했
고, 어떤 사람들은 "나는 하느님의 일을 하고 있다. 나를 틀
림없이 지켜 주실 것이다" 하는 식의 신비주의적 발상이나
신성神性에 기대어 위안을 얻기도 했다. 또 어떤 사람들은
자기가 이미 감염되었거나 또는 앞으로 감염될 수도 있다
는 공포를 항상 느끼며 생활하기도 했다. 사실, 나를 포함
해서 대부분의 사람들은 금방 상처를 입었다가 금방 전지
전능한 힘을 가진 것처럼 생각했다가 하는 일을 반복하면

서 전혀 다른 방법들 모두에 의지하며 지냈다.

의대에 다닐 때, 나는 수업 시간에 공부한 질병의 증상을 심리적으로 자주 겪었다. 그래서 낸시는 그렇게 많은 불치병에 걸렸다가 회복된 사람은 이 세상에 나밖에 없을 거라고 놀리곤 했다. 그래도 나에게 환자로부터 병이 옮지는 않았을까 걱정하는 편집증이 있다고 생각해 본 적은 없었다. 그러나 에이즈 환자들을 치료하면서부터 나 자신의 안전에 대해 훨씬 더 많은 신경을 쓰게 되었다. (이것은 에이즈가 혈액을 통해 감염되는 질병이라는 것이 알려지기 한두해 전의 일이다. 사실 1982년에 맨해튼에서 레지던트를 하던 내 친구 하나는, 인턴에게 에이즈 환자의 혈액 샘플을 뽑게 하는 것은 인턴들을 에이즈 감염의 위험 앞에 방치하는 일이라고 주장했다가 다른 내과 의사들 사이에서 웃음거리가 된 적도 있었다.)

내가 자신의 건강에 대해 좀 더 신경을 쓰게 된 것은 이병의 놀라울 정도의 새로움, 통제 불가능할 만큼의 강력함, 그리고 주사 바늘이나 다른 것에 의해 혈액에 노출되는 것만으로도 감염될 수 있는 현실적 가능성 때문이었다. 그러나 내가 에이즈에 감염될까봐 두려워했다는 것은, 나와 환자들 사이에 충분한 경계선이 그어져 있지 않았다는 것을 의미하기도 했다. 내 나이 또래의 환자들이나 내 아이들과 생일이 같은 그들의 아이들을 보면, 또 내 눈앞에서 한 여자의 삶이 막을 내리는 것을 지켜보고 있노라면, 어떤 사람에게 바이러스가 감염되는 것인지조차 모호해지곤 했다.

"왜 나는 아닌 걸까, 왜 내 아내는 아닐 수 있는 걸까, 어떻게 내 아이는 아니라고 할 수 있는 걸까?" 내가 환자들 옆에 앉아 있을 때, 그들과 이야기를 할 때, 그들을 진찰할 때, 손가락으로 그들의 피부를 더듬으면서 나는 생각했다. 이들과 나의 경계는 어디에 있는 걸까, 나를 보호해 주는 방어벽은 어디에 있는 걸까, 그들은 어디에서 멈추고 나는 어디에서 시작하는 걸까. 환자를 진찰하다가 이 얇은 피부 바로 밑에, 형언할 수 없이 많은 림프절과 미세혈관들 속에서 바이러스가 증식하고 있다는 것을, 그리고 그것을 따라 조용히, 효과적으로, 대단한 폭발력을 지닌 채 순환하고 있다는 것을 깨달을 때면 슬픈 경악을 느낄 때도 있었다. 그리고 단지 피부만으로 그렇게 강력한 자연의 힘을 담을 수 있다는 사실이 어쩐지 불합리하게 보이기도 했다.

다른 동료들과 마찬가지로 나도 무슨 종교 행사를 치르듯 정기적으로 자가 진단을 했다. (친한 의사들끼리는 그 내용을 이야기할 때도 있었다.) 림프절이 부었는지, 카포시 육종이나 대상포진이 생기지는 않았는지 살펴보고, 후두에 이상은 없는지, 입 속에 염증은 생기지 않았는지 거울로 살펴보기도 했다. 혹시 상기도上氣道 감염이나 기관지염 증상이 보이면 제일 먼저 떠오른 것은 PCP나 폐결핵일 수도 있다는 생각이었다. 열이 있으면 그것이 미코박테리아 아비움[38]이나 거대세포 바이러스[39] 감염일 것이라고 추측했다(에이즈 환자의 경우에는 두 가지 다 마지막 단계의 합병증이다). 그리고 다이어트를 하거나 운동을 해서 살이 2-5kg

정도 줄게 되면 HIV 소모성 증후군[40]이 아닐까 불안했다. 승인 회의나 성과 발표회 마감에 걸려 줄창 먹어치운 살라미 소시지나 도리토스[기름에 튀긴 칩의 일종], 초콜릿 도넛 등 인스턴트식품 덕분에 몸무게가 늘 때면, 난 HIV에 걸렸다고 보기에는 배가 너무 나왔다면서 안도하기도 했다.

이러한 병적인 집착은 스트레스를 많이 받거나 걱정거리가 많을 때면 더 심해졌다. 지금 생각해 보면, 질병에 대한 이러한 관심들은 내가 평소에는 의식하지 못했던 수많은 두려움을 깨닫게 해준 것 같다. 죽음에 대한, 아니 그보다는 오히려 내 아이들을 남겨 놓고 떠나야 한다는 두려움, 아버지를 갑자기 잃게 되는 상황이나 에이즈의 참상으로부터 아이들을 전혀 보호해 줄 수 없다는 투사 불안, … 이런 감정들은 깊고도 근원적인 공포감이 되어 내 인생의 어두운 구석을 강처럼 흐르고 있었다. 그리고 그 강이 시작되는 곳은 어릴 적 내가 아버지로부터 버림받은 시점이었을 것이다. 아버지가 창문에서 떨어지던 바로 그 순간부터 이 세상은 나에게 전혀 안전하지 않은 곳이 되었고, 불행한 일이 경고도 없이 한순간에 일어날 수 있는 그런 곳이 되고 말았던 것이다.

에이즈에 감염된 것은 아닌가 하는 나의 몽상은 1985년 가을, HIV에 감염된 임산부 환자에게 투베르쿨린 반응 검사[41]를 하고 난 후 바로 그 주사 바늘에 찔리는 사고가 일어나면서 상당히 심각한 문제로 대두되었다. 주사 바늘에 찔렸다고는 하지만 그리 크거나 굵은 바늘도 아니었고,

혈액이 들어 있는 상태에서 근육 속으로 깊이 찔린 경우처럼 위험한 상황도 아니었다. 그러나 바늘에 찔린 것만으로도 혈액에 노출되었다고 말할 수 있고, 특히 그 주사기에는 환자의 혈액이 육안으로 확인 가능할 만큼 남아 있었기 때문에 문제는 더 심각하게 느껴졌다. 주사 바늘에 집게손가락을 찔렸을 때 나는 그 사실을 믿을 수 없어서 한동안 어쩌지도 못하고 멍하니 있었다. 주사 바늘에 의한 사고가 대부분 그렇듯 그것도 주사 바늘에 마개를 다시 씌우다가 일어났다. 주사 바늘에 안전 마개를 씌우다가 실수를 했던 것이다. 내 실수를 증명이라도 하듯 손가락에서 핏방울이 맺혀 떨어지는 것을 보는 순간 나는 공포에 질려 소리라도 지르고 싶었다. 그러나 환자가 아직도 내 앞에 앉아 있었으므로 참아야 한다고 나 자신을 억눌러야 했다. 그때 내가 내 문제 때문에 정신이 없다는 것을 그녀가 눈치 챘는지 어땠는지는 아직도 모르겠다. 어쨌든 그때 나는 그녀와 이야기하는 것을 멈추고 재빨리 화장실로 달려가서 손가락을 비누와 뜨거운 수건으로 벅벅 문질러 닦은 후 알코올로 몇 번이나 다시 닦아냈다. 그렇게 하고 있노라니 컵 스카우트[42] 시절에 들었던 등산가들에 관한 이야기가 생각났다. 그들은 뱀에게 물리면 독이 온몸으로 퍼지는 것을 막기 위해 손을 절단한다고 했다. 나도 목숨을 구하기 위해서 손을 잘라야 하는 것은 아닌지 걱정이 되었다. 나는 5분만이라도 시간을 되돌릴 수 있다면, 그래서 주사 바늘로 나를 찌르는 그런 실수를 피할 수만 있다면 좋겠다는 생각까지 했다. 이 모든 사건이 순간적으로 일어났기 때문에 주사 바늘에 찔린 것은 내 상상일 뿐 사실은 아무 일도 없었다며 나 자신을 안심시킬 수 있었을 정도였다.

나는 진료소를 나섰다. 사우스 브롱스를 뒤로 한 채 멍하니 차를 몰아 병원에 있는 사무실로 갔다. 내 사무실로 들어가서는 문을 잠그고 울었다. 낸시에게 전화를 걸었더니 그녀는 나를 안심시키는 한편 걱정해 주었다. 내가 감염되었는지 여부는 모르는 일이었다. 바이러스에 노출된 순간을 문서로 작성해서 기본적인 HIV 검사를 받아 보기 위해서는 가능한 한 빨리 피를 뽑아야 한다는 사실은 알고 있었다. 그래서 나는 병원 가까이에 있는 우리 진료소의 사무실 한 군데로 가서 직접 피를 뽑았다. 거기는 아침 일찍 문을 여는 진료소였기 때문에 내가 갔을 때는 직원들 대부분이 퇴근하고 없었다. 경비원에게는 의료 사무실에 차트를 살펴보러 간다고 양해를 구했다. 내 피를 내가 뽑아본 것은 그때가 처음이었다(너무 두렵고 흥분된 상태였기 때문에 다른 사람들에게 부탁할 수도 없었다). 나는 팔에 지혈대를 하고 자리에 앉아서 정맥에 주사 바늘을 갖다 대었다. 누군가 사무실로 와서 나를 보면 어쩌나 싶어 계속 불안했다. 처음으로, 혼자서, 몰래 마약 주사를 놓는 사람과 무척 비슷해 보일 것이라는 생각도 했다. 나는 뉴욕 시 보건국의 규정에 따라 내 혈액을 담은 튜브에 환자 식별번호만 적은 라벨을 붙여 병원 혈액실로 넘겼다. 혈액실에서 그것을 뉴욕 시 보건국으로 넘기면 거기서 정밀 검사를 하는데, 결과가 나오기까지는 적어도 몇 주가 걸릴 터였다.

나는 여전히 마음이 조급했기 때문에 당장 거기를 떠나서 집으로 가야겠다고 생각했다. 집으로 가는 길에 나는 내 아내에 대한 사랑과 두 아이를 향한 부성애가 믿을 수 없을 만큼 강하게 솟구쳐 오르는 것을 느꼈다. 예전에도 이들이 이 세상에서 가장 소중한 사람들이라고 생각하지 않았던 것은 아니지만, 그 순간에는 그 느낌이 너무나 강했기 때문에 HIV에 감염된 임산부 환자들이 뱃속에서 자라는 아이를 절대 없애지 않으려고 하는 이유를 갑자기 그리고 완전히 이해할 수 있게 되었다. 나는 산불이 난 산에서 산불을 피해 달아나면서도 불길 속에 살아 있는 무엇인가를 구해 내려고 애쓰는 모습을 상상했다. 안전한 곳으로 피신하기도 전에 산불에 집어삼켜질까 두려워하면서도 말이다. 나는 내가 병마에 시달리는 모습을 상상해 보았고, 너무 늦기 전에, 모든 것이 불타 버리기 전에, 죽음에 맞서 마지막 유언을 남기는 상징적인 방법으로 셋째 아이를 가지고 싶다는 생각을 했다.

그때는 HIV가 급성 감염으로 전염되는 것이 얼마나 위험한지 지금처럼 완전히 이해하기 전이기는 했지만, 만약 내가 에이즈 바이러스에 노출된 상태에서 잠자리를 함께 하면, 아내도 HIV에 감염될 잠재적 위험성이 있다는 사실을 나와 아내는 알고 있었다. 그러나 이러한 지식은 철저한 부정이나 희망적인 생각, 이를테면 우리가 자신의 나아갈 길을 간다면 바이러스인들 별 수 있으랴 하는 식의 바람에

쉽사리 가려졌다. 몇 주 후에는 나의 둘째 딸 케이시도 이 사실을 이해하게 되었다.

얼마 후, 나는 맨해튼에 있는 정자 은행에 나의 정액을 보관하러 가기까지 했다. 그때는 그것이 조금도 어리석다거나 쓸데없는 짓이라고 생각되지 않았다. 그것만이 내가 죽기 전에 "순수한" 나를 남겨 놓을 수 있는 방법인 것 같았다. 그렇게 하는 것이 나에게는 일종의 승리라고까지 여겨졌다. 주사 바늘 사건 때 했던 나의 첫 번째 항체 검사 결과는 음성이었다. 그러나 정밀 검사 결과를 기다리는 네 달 동안 나는 엘리자베스 퀴블러-로스[43]가 죽어가는 환자에 대해 연구한 글에서 밝힌 것과 같은 비탄[44]의 단계를 밟아갔다. 그녀에 따르면, 죽어가는 환자들은 거부, 분노, 협상, 우울, 수용의 다섯 가지 과정을 거친다고 한다. 네 달이 거의 지나갈 무렵 나는 비록 에이즈에 감염되었다 하더라도 이것을 잘 견뎌낼 수 있으며 남은 인생을 잘 살아갈 수 있을 것이라고 생각할 수 있게 되었다. 사실 나 자신과 나누었던 이러한 대화는 내 인생에 주어진 기본적인 특권들을 다시 생각하게 해주었다. 나는 사랑과 행복, 수용, 신뢰가 얼마나 중요한 것인지 그 어느 때보다도 분명하게 깨닫게 되었다. 음성으로 확인된 정밀 검사 결과를 받았을 때는 가슴속 깊이 안도하면서 동시에 내가 내 삶을 반추해 볼 기회를 얻었던 이 과정과 기쁜 결과에 대해 감사했다.

(정자 은행에서는 정액 보관비를 내라는 청구서가 그 후로도 몇 년 동안 계속 날아왔다. 내 인생의 보존 매체를 내팽

개친다는 느낌 없이 그 청구서를 무시할 수 있게 된 것은 그보다도 한참이 더 지난 후였다. 그러나 몇 년 후 그 정자 은행은 문을 닫았다. 직원이 라벨을 잘못 붙인 정액 샘플을 인공 수정하는 바람에 원하는 사람이 아닌 다른 남자의 정자를 수정하게 된 사건이 적어도 한 건 이상 있다는 사실이 발각되었기 때문이다. 이 사건을 거치면서 나는 내 정액 샘플이 마지막에는 어디로 갔는지도 알 수 없게 되었다.)

*

에이즈가 맹위를 떨치면서 극단으로 흐르는 측면이 있었다. 우리 진료소에서 일하기 시작하면 얼마 지나지 않아서 아홉 시에서 다섯 시까지로 정해져 있는 통상적인 근무 시간에 다른 곳에서 겪게 되는 일보다 훨씬 더 많은 일을 겪곤 했다. 에이즈에 관한 모든 것이 급박했으며, 늘 긴급한 재난 상황을 마주하고 일한다는 느낌을 주었다. 일상적인 것은 아무것도 없었으며 위기 상황은 끊임없이 이어졌다. 어떤 사람들은 이런 환경에서 일하는 것에 반발할 것이 분명하다. 그러나 내 경우에는 위태로운 상황에서 일하는 것, 혼돈의 한복판에서 살아가는 것, 언제나 현재 상황인 위기에 반응하는 것 모두가 잘 맞았다. 이 열광적인 속도가 나의 내부에서 실제로 진행되고 있는 문제, 즉 결국에는 항상 아버지의 죽음으로 나를 이끄는 풀리지 않는 문제로부터 눈을 돌리게 만든다는 사실을 나중에 알게 되었지만, 폭풍의 한가운데에서도 굳건한 지지대가 되어 줄 키를 잡기 위해 내가 늘 노력하고 있다는 느낌에는 뭔가 깊은 만족감을 주는 요소가 있었다.

근무 환경 자체도 편안하지 않았다. "이봐, 그거 에이즈야" 같은 말을 반농담조로 반복하면서 철야 근무를 밥 먹듯이 했고, 에이즈에 관한 새로운 정보라면 뭐든지 열성적으로 받아들였다. 식사는 패스트푸드로 대신하면서, 환자들을 찾아 직접 거리로 나섰다. 또 논문이나 승인 신청서를 쓰며 밤을 새웠고, 커피를 무지하게 많이 마셨으며, 담배도 엄청나게 피워댔다(그 당시 메사돈 프로그램 문화는 헤로인을 사용하는 것보다 담배를 피우는 것이 낫다는 쪽이었다. 그리고 이상하게도 담배를 피운다는 사실이 환자와 의료진을 더 친하게 만들어 주었다). 승인 회의나 성과 발표회가 끝나면 우리는 종종 광란의 파티를 열고 학기말 시험이 끝난 후의 대학 파티에서처럼 곤죽이 되도록 술을 마셨다.

생각해 보면, 그 몇 년 동안 나는 나를 위해서라기보다는 오히려 나를 위험에 몰아넣기 위해서 살았던 것 같다. 어떤 점에서 그것은 니체가 말한 "나를 죽이는 것만 아니라면 이 세상 모든 것이 나를 강하게 만들어 준다"는 식이었다. 그러한 행동들은 그 무엇도 나를 망가뜨릴 수 없다는 무의식적인 신념에 의해 부추겨지곤 했다. 요즘은 잠이 너무 부족해서 푹 자고 쉬는 것이 소원이지만, 그때만 해도 나는 잠을 자는 것이 잠에 굴복하는 것이며 패배하는 일이라고 생각했다. 그 몇 년 동안 나는 야간 호출이 없을 때에도 규칙적으로 밤샘을 했다. 의학 잡지를 읽고, 원고를 쓰고, 새로운 연구를 계획하고, 때로는 서류를 뒤적거리면서 밤을 새웠다. 심지어 나는 일과 관련된 나의 강박증을 만족시키기 위해 아내와 딸들이 빨리 잠들기를 바란 적도 많았다. 밤은 누구의 방해도, 누구의 간섭도 없이 나 혼자 있을 수 있는 시간이었다. 깨어 있다는 것은 살아 있다는 것을, 그리고 통제할 수 없는 것을 통제하는 것을 의미했다.

에이즈에 지친 우리들의 탈출구로 음악은 중요한 부분을 차지하고 있었다. 우리 의사들 중 몇은 퇴근 후나 주말이면 차를 몰고 맨해튼 18번가 웨스트사이드 부두 근처에 있는, 무슨 원시 동굴처럼 생긴 록시로 춤을 추러 가곤 했다. 그곳에선 아프리카 밤바타라는 디스크자키가 랩과 브레이크 댄스를 틀어 주었는데, 밤바타는 브롱스 일대의 전설적인 명인들에게서 레코드 믹싱 기술을 전수받았다고 했다. 거기로 가지 않을 때는 베릭 가에 있는 사운드 오브 브라질로 로헤미우 마샤두[45]와 그가 이끄는 밴드의 음악을 들으러 가거나 파라다이스 개리지로 가서 샤카 칸[46]을 듣거나 담배 연기 자욱한 레게 라운지 오프 캐널로 데니스 브라운[47]과 옐로우맨[48]을 보러 달려갔다.

음악은 마치 삶 그 자체의 힘으로 우리를 채워 주듯이 베이스의 최면을 거는 듯했고, 감각적이며 유혹적이고 강렬한 비트를 타고 우리들 안으로 들어와 우리를 충만하게 하였다. 마치 죽음에 대항하는 신화 속의 춤처럼 음악은 우리가 매일 마주하는 에이즈라는 재앙으로부터의 도피처이

자 탈출구였다. 물론 에이즈의 고통으로부터 벗어나 잠시 머무르는 것에 불과했지만, 그래도 나쁘지는 않았다. 우리에게는 어떤 방법으로든 이런 식의 탈출구가 존재한다는 사실 자체가 중요했다. 그러나 그것이 너무 지나쳐서 건전한 휴식을 취하는 정도가 아니라 고통을 덮어 두는 것이 될 때, 또 일을 하고 있기 때문에 그런 탈출구가 필요한 법이라는 사실조차 느끼지 못할 만큼 음악 자체를 중요시하게 될 때에는 문제가 되었다.

개인적으로 뿐만 아니라 직업적으로도 나는 한계를 넓혀 가고 있었다. 얼마 지나지 않아 나는 에이즈와 정맥 주사용 마약 사용자를 다루는 소수의 전문가 중의 한 사람이 되어 있다는 것을 알게 되었다. 1986년까지 나에게는 강의 초대장이나 논문 수록 의뢰, 또는 다양한 회의나 자문 위원회에 참석해 달라는 요청이 자꾸만 늘어갔다. 때때로 사기꾼이나 참견꾼이 된 것 같은 기분이 들기도 했지만, 새로얻은 명성을 만끽할 때도 있었다.

지금은 그 몇 해 동안 내가 얼마나 불균형한 상태에 있었는지를 알 수 있다. 젊은 나이에 그렇게 빨리 경력을 쌓아 가던 당시에 아직 끝나지 않은 나의 일을, 그리고 나 자신의 심리적이고 감정적인 요구를 내가 얼마나 무심히 지나쳤는지를 말이다. 동시에, 나는 그 몇 해 동안 성취할 수 있었던 것들을 자랑스럽게 생각하고 있다. 에이즈는 완전히 새로웠고, 모든 것은 열려 있었으며, 우리는 그 한가운데 서 있었다. 내 속에 무엇인가 밖으로 끌어내야 할 이야기, 말해야 할 이야기가 있다는 것을 느끼면서, 나는 채 5년 도 되지 않는 기간 동안 의학 논문과 서평, 책에 실을 글들을 서른 편 넘게 썼다. 그 대부분은 에이즈나 마약에 관련된 것이었다. 갑자기 나는 걸음마 단계에 있는, 광대하지만 아직 거의 미개척이던 분야의 전문가가 되었다.

우리들 주변에 만연해 있는 에이즈에 대해 이해하고 그것을 제대로 설명하려들면 들수록, 에이즈라는 병에 대해 거의 아는 것이 없다는 사실이 우리의 열띤 긴박감에 불을 붙였다. 그야말로 거대한 일침을 놓아야 할 때, 다시 말해 에이즈의 기본적인 움직임을 탐구해야 할 시기였다. 우리의 연구 결과는 마약 중독자들 중에서도 에이즈에 걸린 사람들의 독특한 특징, 특히 마약 중독자들의 HIV 감염에 있어 위험 요인과, 이들 집단에서의 발병률과 사망률의 주요 원인이 되는 결핵과 박테리아 감염의 중요성을 규정하는 데 공헌했다.

우리의 연구가 알려지면서 강연회 등에 참석해 달라는 문의는 점점 더 늘어갔다. 새로운 사람들을 만나고, 새로운 곳을 발견하고, 초빙 전문가라는 역할도 해보고 싶었기 때문에 나 역시 그런 기회가 있으면 대개는 흔쾌히 받아들였다. 그 무렵 나는 텔레비전을 보다가 내가 세상 사람들에게 보이고 싶은 나의 이미지를 적절히 표현하고 있는 아메리칸 익스프레스 카드의 광고를 본 적이 있다. 광고는 붉은 페인트칠이 된 런던의 공중전화 부스 안에서 젊고 약간은 부스스해 보이는 기자가 이렇게 말하는 장면으로 시작된다. "방콕이요? 내일이라고요?" 카메라가 가까이 다가가고 남자는 자기 셔츠 주머니에 손을 넣어 아멕스 카드를 꺼낸다. 그리고 카드를 보면서 웃으며 말한다. "물론이죠. 문제없습니다."

　내 일이 인정받는다고 생각하면 기쁘기도 했다. 그러나 이런 상황에는 일종의 현실 도피적인 측면도 있었다. 나에 대해 환자들의 과도한 기대감이 내 속에 있는 환상, 즉 내가 전지전능하다는 환상을 자꾸 키워낸 것과 마찬가지로, 세계 곳곳에서 날아드는 나의 전문성에 대한 요구는 나라는 인간의 중요성을 부풀려 생각하게 만들었다. 내가 이야기할 가치가 있는 무엇인가를 했다는 것은 의심할 바가 없었고, 내가 우리의 연구에 자부심을 느끼는 것도 정당했다. 그 연구들은 마약 사용자 중에서도 에이즈 환자의 독특한 특징을 잘 설명해 주고 있기 때문이다. 그러나 그때 했던 모든 강연과 회의, 그 당시 썼던 모든 논문과 글들을 아무리 뒤져보아도, 무의식적이기는 했지만 많은 측면에서 내가 쏟아 부은 노력을 규정할 수 있는 근거인, 인간 내면의 개인적이고 감성적인 문제에 대해서는 단 한마디도 말하거나 쓴 적이 없다. 나도 모르는 사이에, 나 자신의 개인사, 나의 끝나지 않은 일은 나의 방황까지를 포함해 그 시절에 대한 시나리오를 쓰고 있었다. 사람들과 떨어져 있기, 즉 늦게까지 일하거나 승인 제안서나 논문을 쓰면서 밤을 새우는 일, 시내에 있는 클럽으로 종종거리며 뛰어가는 일, 또는 며칠 동안 유럽으로 떠나는 일, 이 모든 것이 부재를 다른 방식으로 표현한 것이었다. 이러한 방식들은 모두 나의 가족과 아내가 있는 그곳에 있지 않기 위한 방법이었고, 아무리 좋은 사람도 죽거나 사라져 버리지만 그것을 막을 길이라곤 없는, 이 부서지기 쉬운 세상에서 지나치게 친밀한 관계 때문에 상처입지 않도록 나를 지키는 방법이었다. 이러한 것들은 또한 내 삶에서 풀리지 않은 문제들, 내 아버지의 이른 죽음과 내가 아버지가 되었다는 문제를 직시하지 않는 방법이기도 했다.

나는 내가 집으로부터 도망쳐 온 그 길을 깨닫기까지 수십만 마일을 여행해야 했다.

*

에이즈에 점점 깊이 빠져들면서 나는 내가 의사로서 온전히 준비된 것은 아니라는 사실을 알게 되었다. 의대에 들어가 의사가 되기 위한 훈련을 받기는 했지만, 그 과정에는 수많은 젊은 성인들과 그들의 아이들에게 영향을 미치고 있는 치명적이고 치료 불가능한 병이 포함되어 있지 않았다. 점차 손에 익게 된 분석 과정이나 약의 효능과 부작용, 다시 말해 내가 병을 치료하기 위해 배워 온 모든 접근 방법, 그 모든 것이 이 새롭고 도전적인 질병에는 전혀 들어맞지 않았다.

그러나 역설적으로, 전혀 기대하지도 않았던 상황이 벌어졌다. 의사가 환자들을 대할 때 사용하는 온갖 방법이 아무런 소용도 없다는 것을 에이즈가 정면으로 드러내자, 의사들은 오히려 전통적인 의사의 역할로 돌아가게 된 것이다. 그러니까 1987년에 에이즈 치료에 AZT[49]가 도입됨으로써 비록 완벽하게는 아니지만 에이즈가 "치료 가능"하다고 생각하게 되기 전인 그 당시에, 의사로서 우리가 환자들에게 해줄 수 있는 일은 그들을 포기하지 않고 그들의 고통을 함께 나누고 지켜보면서 그것을 덜어 주겠노라고 약속하는 것만이 전부라는 것을 알게 되면서, 우리는 그들과 깊은 감정적 유대 관계를 맺을 수 있었다. 에이즈는 우리의 교만을 꺾었고, 우리가 조심스럽게 쌓아올린 의학 지식을 무용지물로 만들어 놓았지만, 에이즈에 꺾이면 꺾일수록 우리와 환자들의 연대는 점점 굳건해져 갔다.

나는 에이즈처럼 치료 불가능한 이런 병과 맞닥뜨리기 전까지는 환자들과 그렇게 명료한 관계를 맺어본 적이 없었다. 내가 의사로서 할 수 있는 가장 근본적이고 위대한 일은 환자들의 고통을 함께 나누고 그들을 돕는, 약속된 증언자로서의 역할이라는 사실을 배운 것이 바로 그때였다. 불치병에 걸린 환자뿐만이 아니라 모든 환자들의 옆에서 말이다. 그리고 나와 우리 의료진들이 환자들의 인생에서 이러한 역할을 수행할 수 있었던 것은, 그들을 절대 포기하지 않고, 그리고 우리를 믿고 따라준 환자들에게 보답하듯, 이전에 다른 사람들이 했던 것과 동일한 여정을 그들과 함께하였기 때문이리라. 내가 의사라는 직업에서 처음 받았던 시골 마을의 "유언 공증인" 같은 이미지는 더 강해졌다.

사람들이 때가 되기도 전에, 유언장을 남길 기회를 갖기도 전에 죽어가는 것으로 보였기 때문이다. 사실, 죽는 사람이 자꾸 늘어나면서 가장 걱정하게 된 것은 내가 그들의 이름과 얼굴을 잊어버리는 것은 아닐까, 그래서 그들의 이름과 얼굴이 내 기억에서 흔적도 없이 사라져 버리는 것은 아닐까 하는 점이었다. 나는 전력을 다해 환자들을 살리기 위해 노력했다. 그리고 그들이 죽었을 때에는 그들을 잊지 않기 위해 노력했다.

2. 연계

내가 만난 첫 번째 에이즈 환자였던 가브리엘을 생각할 때면 언제나 그의 얼굴에 다른 많은 환자들의 얼굴이 겹쳐 떠오르면서 흐릿해지곤 하는 것이 두려웠다. 물론 그 많은 환자들 모두가 특별하기는 하다. 하지만 어떤 면에서 보면, 뭐랄까 그 얼굴까지도 잊을 수 없을 만큼 특징적인 환자들이 있다.

　그중에서도 마약 사용 환자들에게는 기억을 더욱 생생하게 만들어 주는 강렬함이랄까 진지함 같은 것이 있었다. 내가 메사돈 프로그램에서 수많은 마약 중독자들을 상대하면서 처음으로 깨닫게 된 것 중의 하나는 바로 일이 결코 지루하지 않다는 사실이었다. 그리고 내 환자들 대부분은 상당히 지적이고 적응력이 강하며 융통성이 있고 매력적이라는 것도 알게 되었다. 종종 교활하거나 반사회적인 또는 자기 파괴적인 면모를 보이기도 했지만, 어쨌거나 그들은 거리 위에서 다윈의 법칙, 즉 적자생존의 법칙을 뚫고 살아남아 적어도 자기 나름의 생활 방식에서는 어느 정도 성공한, 30-35세 정도의 능력 있는 사람들이었다. 그들보다 노련하지 않은 동년배들은 약물 남용이나 폭력으로 이미 죽은 지 오래거나 오랜 감옥 생활로 마약을 끊은 경우가 대부분이었다. 자발적으로 약을 끊은 경우도 드물지만 있었다.

내가 만난 환자들 한 사람 한 사람에게는 나의 심금을 울리고 나의 흥미를 불러일으키기에 충분한 무엇인가가 있었다. 어느 정도는 환자들이 스스로 경계를 긋지 않고, 자기를 낳기는 했지만 부모 역할도 제대로 해주지 못했던 친부모와 구별되는, 그러니까 훌륭한 부모로서의 자리에 나를 받아들이고 싶어 했기 때문이기도 했다. 환자들의 그런 면을 기꺼이 받아들이려고 했던 나의 의지와 어떻게든 그들을 구해 내고 싶다는 나의 채워지지 않는 욕구도 작용했을 것이다. 언젠가 만났던 명상가의 말처럼, 언제나 행복을 찾아 헤매지만 행복을 얻는 방법으로 잘못된 수단만 사용하는 마약 중독자들에게 있어 그것은 아마도 무척이나 진지한 방법이었을 것이다.

내 환자들 중 많은 사람들이 항상 마약의 위험 속에서 살고 있었고, 하루하루가 거리를 활보하고 다니는 마약 사용자들과의 싸움이었다. 마약을 끊으려고 하다가도 포기하게 만드는 것이 바로 그런 것들이라고 나에게 털어놓은 환자들도 있었다. 그리고 자기 삶이라는 것이 아침에 잠자

리에서 깨어날 가치조차 없다고 느껴지기 시작한 이후로
는 하루하루가 '전부 아니면 전무'인 롤러코스트를 타는
심정이었다고 했다. 짜릿하고 강렬하게 살고 싶다는 열망,
그것이 이 사람들을 마약에 몰두하게 만드는 원인의 일부
였다.

　　고통 받다가 죽어간 환자들을 생각할 때면, 그들의 끈
질긴 인내와 웃음소리, 그리고 가끔씩 보여 주던 그들의 초
연함을 떠올리게 된다. 몇몇 환자들은 HIV에 감염된 것이
어떤 면에서는 하늘이 내려준 놀라운 은총이라고 이야기
하기도 했다. 그것은 그들이 원한 것도 아니었고 결코 반가
운 것도 아니었지만, 결국 에이즈가 중요하고도 의식적인
인생의 전환점이 되었으며, 그로 인해 마약을 끊을 수 있게
되었기 때문이다. 그러나 어떤 환자들에게는 에이즈가 저
주 외에는 아무것도 남긴 것이 없었다. 그런 사람들은 고통
과 두려움 속에 홀로 남겨져 에이즈를 증오하다가 죽는 그
순간까지 자기 파괴를 부채질했다. 환자들의 삶이 다양하
기 때문에 똑같은 결말이 꼭 공평한 것만은 아니라는 사실
을 때로 깨달으면서, '언제나 해피엔딩'이었으면 하고 바
라는 나의 감상적인 기대를 자제해야만 했다. 환자들 중에
서도 어떤 사람은 자신이 에이즈에 걸렸다는 사실을 순순
히 받아들였지만, 어떤 환자들은 에이즈에 맞서 끝도 없는
투병 생활을 시작하기도 했으니까 말이다.

*

그 당시 내가 만났던 많은 환자들의 모습과 그들의 환경이 떠오른다. 지금부터 하는 이야기는 그중 몇 명에 대한 것일 뿐이다.

● 마틴, 사우스 브롱스에서 밤새 구급차를 몰며 근무한 다음이면 자신을 무섭게 엄습해 오던 신경증을 자가 치료하기 위해 데메롤[1]을 사용하다 중독되는 바람에 찾아왔던 말빠른 백인 응급 치료사. 얼핏 보면 적갈색의 곱슬머리와 애수에 젖은 듯한 눈 때문에 성가대 소년으로 고이 자란 사람이 어쩌다 운이 나빠서 병원에 온 것처럼 보였지만, 웃을 때면 누렇게 변색되고 더러는 부러지고 더러는 빠져버린 이가 전형적인 마약 중독자라는 사실을 증명해 주었다. 그는 아일랜드인들이 많이 모여 사는 웹스터 애버뉴 근처 노우드 구역의 아일랜드계 대가족 집안 출신이었다. 학교를 그럭저럭 마치고 응급 치료사가 되기는 했지만, 그와 함께 음주 문제도 계속 심각해져서 맨해튼 중심에 있는 알코올 중독 치료 기관에도 여러 번 드나들었다. 처음에는 데메롤을 사용하였지만, 한두 해 후에는 헤로인을 사용하게 되었다. HIV에 감염된 것은 한참 질 나쁜 친구들과 돌아다니던 때였던 것 같다고 했다. 그는 나를 "Luck of the draw,[2] 피트 [저자의 이름인 피터의 애칭]"라는 별명으로 불렀는데, 나는 그것을 좋아하지도 않았고 그에게 그렇게 불러도 좋다고 한

적도 없었지만, 그가 나를 그 별명으로 부를 때면 어쩐지
적절한 것 같기도 했다.

마틴은 가끔씩 진료 대기실에서 살금살금 다가와서는,
엄청나게 친한 척하며 나에게 도움이 될 만한 조언이나 충
고를 해주기도 했다. "이봐요, 피트. 당신도 알다시피 저 밖
에는 차이나 화이트[3]들이 수도 없이 널려 있다고요. 진짜
펜타닐[4]도 있죠. 그걸 먹고 맛 가는 사람도 많아요. 그저 당
신이 알아둬야 한다고 생각했을 뿐이에요." "이봐요, 피트.
나를 담당하는 사회 봉사자를 어쩌면 좋을까요. 남잔데, 암
튼 의학적인 기술이라고는 눈곱만치도 없으니 말예요."

마틴 옆에는 언제나 왜곡된 기삿거리나 사기꾼들의 이
야기 또는 추문이 있었다. 그것은 마틴이라는 인물 자체가
그런 내용들의 한가운데 있기 때문이기도 했고, 누구든 죄
를 지은 사람들이 있으면 그들을 향해 분노를 표시하고 확
산시키는 것이 정당하다고 생각하는 사람이기 때문이기도
했다. 그는 잇따른 파국을 겪으면서 고집스럽지만 재치 있
고 반어적인 유머도 구사할 줄 아는 사람이 되었다. 그는
바이러스가 아이리쉬 위스키의 영향을 쉽게 받을지도 모
른다는 기대감을 가지고 HIV를 위한 알코올 치료를 시도
하고 있다는 농담을 던지기도 했다. 이따금씩 마틴은 그 어
떤 것보다도 고집과 성급함으로 버티고 있는 것처럼 보였
고, 결국 서른아홉의 나이로 죽게 되었을 때는 그 자신조차
자기가 그렇게까지 오래 살 수 있으리라고는 생각하지 않
았다면서 놀라워했다.

●신시아, 심한 남부 사투리를 쓰고 천진난만함과 우아함을 갖추고 있지만, 정기적으로 그랜드 콩코스 지역 외곽의 '필 닥터Pill Doctor'를 순회하곤 하던 자그마한 흑인 여성. 필 닥터란 길가에 접한 건물 1층에 밖은 강철로 된 문을 하나 더 달고 안쪽 문의 창문은 방탄 유리로 무장해 둔 곳을 말한다. 그 앞에는 언제나 이른 아침부터 환자들이 길게 줄을 서 있으며, 창구에 대고 "30, 30, 30"이라고 소리친 후 처방약을 받을 때까지 보도를 따라 천천히 움직인다. 이것은 퍼코셋,[5] 발륨,[6] 다르본[7]을 각각 30알씩 달라는 소리였다. 다른 많은 사기 행위와 마찬가지로 의료 체계의 한쪽 끝에서도 이렇게 불법적인 유사 의료 행위가 활개를 치고 있었던 것이다.

　한 번은 신시아의 정기 혈액 검사 결과, 4-5개월 이상 그녀의 적혈구 용적률[8]이 계속 떨어지고 있어, 우리는 그녀의 빈혈이 점점 심해지고 있다는 것을 알게 되었다. 처음에 우리는 빈혈이 약물 때문이라고 생각하고 그녀에 대한 모든 약물 치료를 중단했다. 이상하게도 그녀의 빈혈 증세는 좋아졌다 나빠졌다 하는 상태를 반복하기는 했지만, 아무튼 점점 나빠지고 있었다.

　결국 우리는 수혈을 하기 위해 그녀를 응급실로 보냈다. 그런데 그녀가 응급실에 도착하자마자 응급실 담당 의사가 나에게 전화를 해 신시아가 2개월 전부터 지금까지 4번이나 매혈한 사실을 알고 있느냐고 물었다. 나는 그 말을 듣고 너무나 놀랐다. 그녀의 적혈구 수가 증가했다 감소하기를 반복했던 이유가 바로 거기에 있었던 것이다. 그 후 진료소에서 신시아를 만났을 때 어떻게 된 일이냐고 물었다. 그러자 그녀는 부끄러운 듯 자기가 관련된 몇 가지 의료 보조금[9] 사기 행각에 관해 순순히 털어놓았다. 그중 하나가 우리 진료소 근처 길가 상점과 관련 있었는데, 그곳에 가면 혈액 샘플 튜브 10개를 10달러에 사준다는 것이다. (10달러면 거리에서 유통되는 가격으로 크랙을 2병 살 수 있는 돈이었다.) 소위 '실험실'로 불리는 그 상점에서는 그렇게 구입한 혈액 샘플을 이용해서 저소득자의 의료 보조금을 청구하거나 하지도 않은 검사 비용을 받아내는 것이다. 신시아는 스무 번도 넘게 혈액을 팔았고, 몸이 너무 약해져 숨쉬기도 곤란해질 때면, 역시 의료 보조로 수혈을 받기 위해 이따금씩 응급실을 찾았다고 했다.

신시아는 언젠가 병원에 있는 나를 찾아와선 작은 새가 창문으로 들어오더니 침대 옆 테이블에 놓아 두었던 진통제를 물고 가버렸다면서 퍼코셋을 다시 처방해 달라고 태연히 요구하기도 했다. 또 약 때문에 정신이 몽롱할 때는 중력의 작용 따위는 받지 않는 사람처럼 바닥에서 45도 각도로 서서 버티기도 했다. 마치 보이지 않는 지지대가 그녀를 받쳐주고 있는 듯했다. 만일 그때 그녀를 큰소리로 부른다면, 그녀는 깜짝 놀라면서 머리를 들고 몸을 반듯이 하고서는 아무 일도 없었다는 듯 미소를 지었을 것이다.

그녀는 임신을 하자 약을 끊으려고 무진 애를 썼다. 그녀가 이미 40대 초반이었기 때문이기도 했지만, 임신 16주

때 양수 검사를 통해 태아가 딸이라는 것을 확인하자 특히 더 했다. 그녀는 벌써 자기 아기의 이름을 신시아라고 지어 놓았고, 정기 검진일이 되면 꼬박꼬박 병원에 찾아와 자기 몸무게가 어떻게 변하고 있으며 태아는 잘 자라고 있는지를 꼼꼼히 적어가곤 했다. 그녀는 이 아기가 자기 인생에서의 마지막 기회이며, 자기 인생도 아기를 가짐으로써 어느 정도 성공했다고 조금씩 확신하고 있었다. 그러나 임신 24주에 그녀는 하혈을 시작했고, 맨해튼의 지하철에서 조산 기미를 보였다. 신시아는 벨레뷔 병원으로 옮겨졌지만 의사도 그녀의 조산을 막을 수는 없었다. 태어날 당시 몸무게가 1kg도 안 되었던 아기는 2주 후에 신생아실에 딸린 중환자실에서 뇌출혈로 사망했다. 얼마 뒤 신시아를 만났을 때, 그녀는 신경 안정제를 먹고 정신이 흐릿해진 상태로 대기실에 앉아 고개를 숙인 채 혼자서 뭔가를 중얼거리고 있었다. 무엇 때문인지는 모르지만 얼마 지나지 않아 그녀는 경찰에 체포되어 2년형을 선고받았고, 베드포드 힐 주립 여성 교도소에 수감되었다. 나는 언젠가 그녀를 다시 보게 될 거라고 예상했지만, 그 후로 다시는 그녀를 보지 못했다.

●마르타, 다섯 살 때 가족과 함께 푸에르토리코를 떠나 뉴욕으로 온 후 이스트사이드의 빈민가에서 너무 조숙하게 자라버린 24살 여성. 14살 때 가출한 후 일정한 직업 없이 거리와 소년원을 전전하며 살아왔다고 했다. 키는 5피트도

안 되었고, 소년 같은 외모에 건조하고 신경질적인 성격이었다. 다른 많은 여성 환자들과 마찬가지로 그녀의 양팔에도 작은 흉터들이 빽빽이 들어차 있었고, 그중에는 사춘기 때 자살을 시도했다가 생긴 흉터도 있었다. (사춘기 특유의 과장된 행동이기는 하지만, 그냥 무시해 버리기에는 너무 많았다.) 그녀는 강인하지만 상처를 잘 받는 성격이었다. 그래서 계속 방어벽을 만들고 장벽을 쌓아올리면서도 그것을 무너뜨려 줄 누군가가 나타나기를 필사적으로 기다리고 있었다. 그녀는 머리를 뾰족하게 세우고, 온몸에 문신을 새겼다. 또 수많은 반지와 장식이 요란한 팔찌를 끼고 있었고, 온몸에 피어싱을 했으며, 모터사이클용 부츠를 신고 가죽옷을 여러 겹 껴입고 다녔다.

마르타는, 치아가 하나도 없고 온몸에 문신을 한 문신 아티스트인 남자 친구 벅과 함께 산부인과 정기 검진을 받기 위해 나를 찾아왔다. 벅은 마르타가 사랑한다고 느끼는 유일한 사람이었고, 그는 마르타의 정기 검진일마다 기꺼이 병원에 따라왔다.

검진을 하는 동안, 나는 마르타를 보면서 충성스러운 시종 벅을 데리고 나타난 중세 여기사의 모습을 떠올리곤 했다. 마르타가 몸에 걸치고 있던 장신구나 보호구들을 조심스럽게 떼어내면 옆에 서 있던 벅이 그것들을 하나씩 받아서 팔에 걸쳐 놓았다. 마침내 갑옷을 벗고 나면, 그녀는 일그러졌던 표정을 환히 펴면서, 예상했던 대로 거의 어린아이 같은 모습이 되었다. 마르타가 검사대 위에 누워 있는 동안 두 사람은 두려운 듯 두 손을 꼭 잡고 청진기를 통해 태아의 심장 박동 소리를 들었다. 그리고 조용하던 청진기를 통해 갑자기 태아의 심장 박동 소리가 들려오면 두 사람은 서로 깔깔거리며 웃어댔다. 어느 날 나는 그들의 모습을 바라보다 1986년 브롱스에 "아메리칸 패밀리"의 이미지가 있다면 바로 이런 모습이겠구나 하는 생각을 했다.

● 헥터, 치료에는 별다른 문제가 없었으나 어느 날 중증 크랙 중독자에게서 흔히 나타나는 증세, 즉 피부 아래로 수천 마리의 벌레들이 기어 다니는 듯한 극심한 가려움증을 호소하던, 날카로운 눈빛을 가진 푸에르토리코 출신의 40대 남자. 환자가 아무리 이상한 이야기를 하더라도 의사는 그 내용을 실증적으로 증명하거나 구체적으로 반증하기 위해 노력하는 태도가 중요하다고 배웠기 때문에, 나는 일단 그의 피부 상태를 검사한 후 수많은 벌레들이 피부 아래로 기어 다닌다는 증거가 전혀 없음을 확인시켜 주었다. 그러고 나서 그것은 아마도 약 때문에 나타나는 현상일 것이라고 그를 안심시켰다. 내 말을 미심쩍어 하던 그는 갑자기 미친 듯이 머리를 긁어대면서 머리카락을 한 움큼 잡아 뜯기 시작했다. 그러고는 내 눈앞에 한줌의 머리카락을 들이밀었다. 그는 마치 개척되지 않은 깊은 삼림에서 금을 발견한 늙은 광부가 낼 법한 목소리로 머리카락 끝에 하얗게 붙은 것을 가리키며 악을 썼다. "자, 봐요. 기어 다니는 이것들을 좀 보라고요. 이게 내 머릿속에 있단 말이에요!" 그가 혼란

을 일으키는 이유를 알게 된 나는 내 머리카락 두 가닥을 뽑아 그가 벌레라고 상상하고 있는 것들이 머리카락 끝에 붙어 있는 것은 분명히 정상이라는 증거를 보여 주었다. 그러자 그는 갑자기 뒤로 물러서는가 싶더니만 나를 빤히 바라보면서 이렇게 외쳤다. "오! 이런 세상에, 의사 선생, 벌레가 당신한테도 있군요!"

생각해 보건대, 그 사건이 있은 후 헥터는 내가 자기와 같은 괴로움으로 고통 받고 있다고 확신했던 것 같다. 그가 항상 나를 힐끔힐끔 쳐다보곤 했던 것은 그래서였을 것이다. 몇 달 후 그는 나에게 푸에르토리코로 돌아간다고 말했다. (그는 이미 HIV의 병세가 진행되고 있었고, 뉴욕에서 죽고 싶지는 않았던 데다가 푸에르토리코 수도인 산후안 변두리에 사는 친구가 상당한 '락'[코카인을 가리키는 속어]을 공급해 주겠노라고 약속했다고 한다.) 일 년 후, 그가 약물 과다 복용으로 사망했다는 소식이 전해져 왔다. 나는 그가 일부러 그런 것은 아닐까 하는 의문을 떨쳐 버릴 수 없었다. 한 번은 그가 나에게 에이즈의 병세가 악화되어 더 이상 아무것도 할 수 없을 정도가 된다면 순수한 만테카를 과다 복용할 생각이라고 말한 적이 있었기 때문이다. (만테카는 스페인어로 라드[10]를 의미하는데, 푸에르토리코의 속어로는 헤로인을 뜻한다.)

●프랭크, 일류 출판사 문학 부문 편집자였고, 정확한 진단도 받지 않은 채 자신의 조울증을 자가 치료하기 위해 헤로

인을 복용하기 시작했다는 50대의 연약한 백인 남자. 그가 아버크롬비 앤드 피치[11]에서 산 듯한 너덜너덜한 낡은 오버 코트를 입고 우울한 모습으로 도시를 배회하고 있는 모습은 조금 덜 극단적인 윌리엄 버로우즈[12]를 연상시켰다.

프랭크는 직업을 잃고 헤로인에 절어 인생의 바닥까지 퇴락했다가 HIV에 감염되고, 우리의 메사돈 프로그램에 참여하게 된 후에야, 그러니까 헤로인을 복용한 지 10년이 지나서야 우리 프로그램의 정신과 의사로부터 조울증이라는 진단을 받았다. 마약 중독 치료를 시작한 후에야 비로소 그는 정상적이며 절도 있는 생활이라고 스스로 생각하던 그런 삶을 살아갈 수 있었다. 그는 살기 위해서는 죽음에 다가가야 하는, 자기가 처한 상황의 아이러니를 제대로 인식하고 있었고, 가끔씩 눈을 찡긋거리며 웃기까지 했다.

프랭크는 어떤 불만도 표시하지 않았고, 끝까지 품위 있고 차분한 정신 상태를 유지하면서 마음의 동요를 일으키는 젊은 환자들에게는 친근한 아저씨 같은 역할도 해주었다. 프랭크가 HIV에 감염된 젊은 흑인 환자 멜빈과 함께 길을 걸어가는 모습을 보고 있노라면, 우리 사회에 만연한 인종 문제와 신분 문제도 금방 해결될 것만 같았다. 멜빈이 고등학교 과정을 따라갈 수 있도록 프랭크는 그에게 개인 교습을 해주고 있었는데, 진료소를 나설 때 프랭크가 자기 오른팔을 멜빈의 어깨에 가볍게 올려놓고 다른 쪽 팔은 앞뒤로 흔들면서 걸어가는 모습을 보고 있노라면, 오랫동안 떠나 있던 집으로 돌아와 눈을 크게 뜨고 기다리던 조카에게 세상의 지혜를 전해 주는 삼촌처럼 보이기도 했다.

프랭크는 현명하고 사려 깊은 사람이었기 때문에 자신이 처한 어려운 상황도 균형감 있고 품위 있는 모습으로 극복해 나갔다. 그가 죽었을 때, 여러 해 동안 연락도 하지 않고 지냈던 가족들과는 달리, 우리 프로그램 환자들로 장례식장이 가득 찼던 것은 프랭크의 부드러우면서도 강력한 영향력에 대한 증거일 것이다.

● 나이다, 35살의 푸에르토리코 출신의 여성. 나이다는 메사돈 프로그램에 참여한 사람들 중에서 HIV 감염 여부를 검사받았던 첫 번째 임산부였다. 불타는 듯한 붉은 색으로 염색한 머리와 가죽 재킷, 두꺼운 은반지, 문신, 강한 브롱스 억양 덕분에 나이다는 외관상으로는 무척 강인해 보였지만, 사실은 가정적이고 순진하며 천진난만한 성격의 소유자였다. 그녀에게는 애지중지하는 8살짜리 정신 지체 딸이 있었다. 나이다는 HIV 관련 질병의 징후를 전혀 보이지 않았고 마약 주사를 끊은 지도 4년이 넘은 상태였다. 그래서 처음으로 임신 정기 검진을 받기 위해 왔을 때, 그녀는 주저 없이 HIV 검사에 동의했다.

그녀가 처음 진료소에 왔을 때, 자궁의 윗부분이 20cm가량 확장되어 있는 것을 보고 나는 그녀가 임신한 지 20주가량 되었음을 알 수 있었다. 아기의 심장 박동 소리도 쉽게 들을 수 있었다. 강하면서도 규칙적인 태아의 심장 박동 소리를 듣자 나이다의 얼굴은 기쁨으로 빛났다. 몇 년 전 첫 아이를 가졌을 때는 이런 경험을 해보지 못했다고 했다. 우리는 임산부에게 실시하는 기본적인 검사들을 위해 그녀의 피를 뽑았고, HIV 항체 검사를 위해 질병통제센터에 보낼 혈액을 조금 더 뽑았다. 그녀가 에이즈에 걸렸을 것이라고는 생각지도 않았기 때문에 보통 2-3주 걸리는 검사 결과 보고를 독촉하지도 않았다.

양성으로 판명된 나이다의 검사 결과를 받아들고서야 나는 경악했다. 결과가 나온 바로 그 주에 임신 검진을 위해 두 번째로 병원을 찾은 나이다는 무슨 일이 있어도 아이를 낳을 생각이므로 검사 결과는 확인하지 않겠다고 했다. 그때는 임신 기간 중에 AZT를 투약하여 HIV 감염 상태가 에이즈로 발전할 확률을 낮추는 방법이 발견되기 전이었다. 사실 AZT가 모든 에이즈 환자들에게 사용되기 시작한 것은 2년 후부터였다.[13] 나는 그녀에게 만약 검사 결과가 양성이라면 또 다른 선택, 즉 임신 중절을 할 생각이 있는지 물어보았다. 그녀는 딱 잘라서 자기는 양성일 리 없다고 대답했다. 나는 검사 결과가 그녀의 결정에 영향을 미칠 수 있다는 것을 알면서도 그 사실을 말할 수 없는 난처한 입장에 처하게 되었다.

그러나 결국 그녀는 알아야 할 필요가 있으며, 나는 말해야 할 의무가 있다는 결론에 이르렀다. 마음속에 갈등이 없었던 것은 아니지만, 가능한 한 솔직하고 단도직입적인 방법으로 그녀에게 검사 결과를 말하기로 결심했다. 그러면 이 외면하고픈 현실을 받아들일지 여부는 그녀가 선택할 것이었다. 사실 이미 임신 23주를 넘긴 나이다는 낙태 수술을 받기도 쉽지 않았다. 그리고 설사 그녀가 원한다 하더라도 임신한 지 20주가 넘은 태아를 낙태할 수 있는 곳은 뉴욕에서 단 한 곳뿐이었다. 나는 한쪽 손을 전화기 위에 얹은 채, 검사 결과를 받아보면 혹시 마음이 바뀔지도 모르니까, 일단 검사 결과를 보고 나서 임신 중절을 할 생각이 들면 그때 수술 약속을 잡는 편이 좋을 것 같다고 말했다. 그녀는 나를 한참 동안 바라보더니 한숨을 내쉬고는 검사 결과를 볼 생각은 없다고, 건강한 아기를 낳을 수 있도록 도와달라고 했다. 나는 미소 지으면서 전화기에서 손을 떼고는 기꺼이 그녀를 도와주겠다고 대답했다. 그 후로는 그녀에게 HIV에 대해 이야기하지 않았다.

나이다의 둘째 아이는 딸이었다. 그녀는 아이의 건강 상태를 확인하기 위해 아기를 진료소로 데려왔다. 검사에는 나이다 아기의 HIV 항체 검사를 위한 혈액 검사도 포함되어 있었다. 그러나 그녀는 자신의 상태를 인정하지 않았고 의학적인 치료도 거부했다. 나와 연락이 끊어진 후에도 그녀는 3년 가까이 자각 증상 없이 지냈다. 아기도 태어난 후 몇 년 동안은 건강했다. 그렇지만 혈액 검사를 통해 아기 역시 에이즈에 감염되었음이 밝혀졌다.

●루이스와 블랑카, 다섯 명의 아이들을 데리고 퀸즈에서 브롱스로 이사온 후 우리 프로그램에 등록한 젊은 부부. 그들은 서로 사랑했고 아이들에게도 헌신적이었다. 적어도

점점 커져 가는 HIV의 무게가 그들의 모든 것을 붕괴시켜
버리기 전까지는 말이다. 아내 블랑카보다 HIV 진행 상태
가 더 빨랐던 루이스는 어린아이같이 천진난만한 성격이
었다. 그는 자신의 삶에 대한 보호 본능이 너무 발달하지
않아서 거리에서 마약 사용자로 살아갈 수는 없을 것 같아
보였다. 반대로 블랑카는 좀 더 계산적이고 의심이 많은 편
이었고, 자기 아이들에게 하는 것과 똑같은 방법으로 남편
루이스의 사소한 일들까지 다 처리해 주는 여자였다. 루이
스의 병이 깊어질수록 그녀의 통제는 점점 더 엄격해져 갔
고, 가족들이 살던 퀸즈를 떠나면서 그는 더욱더 아내에게
의존적인 성격이 되었다.

그러므로 루이스가 완다와 불륜의 사랑에 빠진 것은
명백하게 최후의 반란이었고, 아내에 대한 부정이었으며,
그저 방종의 몸짓일 뿐이었다. 적어도 내가 볼 때는 그랬
다. 완다는 루이스 부부가 이사 온 아파트에 살고 있던 여
자였다. 병원에 있는 루이스를 병문안하러 온 완다를 한 번
만나 본 적이 있는데, 눈은 진한 갈색이고 깜짝 놀랄 만큼
토실토실한 얼굴에 수줍음이 많고 우울해 보이는 젊은 여
자였다. 그녀는 예전에 받은 HIV 검사에서 음성 반응을 보
였다. 그래서 루이스와 성관계를 가지면 에이즈 바이러스
에 감염될 수 있다고 충고했지만, 그녀는 전혀 들으려 하지
않았다. 자신은 루이스를 너무나 사랑하기 때문에 에이즈
따위는 신경쓰지 않으며, 그에 대한 헌신의 표시로 콘돔을
사용하지 않는다고 했다. 나는 그녀에게 그런 행동이 얼마

나 위험한 것인지 설명해 주면서도, 처음에는 그녀가 고의
적으로 자신을 파괴하고 있다는 사실을 깨닫지 못했다. 만
약 그 사실을 알았다면, 몇 달 후 루이스가 그녀와의 관계
를 청산하고 블랑카에게 돌아갔을 때, 어떤 일이 일어날지
예상할 수 있었을 것이다. 루이스가 아내에게 돌아가 버리
자 완다는 루이스에게 전화를 걸어 자기 아파트로 와달라
고 하고는, 문을 걸어 잠근 채 현관문에 난 조그만 구멍을
통해 루이스 없이는 더 이상 살 수 없다고 말했다. 그러고
는 치사량의 바비튜레이트[14]를 먹고, 약상자에 들어 있던
수면제 한 통까지 다 먹어 버렸다. 응급 구조대의 구급차가
왔을 때, 그녀는 이미 숨진 후였다.

그 후 6개월 동안, 특히 거대세포바이러스로 인한 망막
염이 생기면서 루이스의 건강은 급속하게 악화되었다. 이
병은 빨리 치료하지 않으면 실명으로 이어질 수도 있다.
(지금은 이 염증이 퍼지는 속도를 억제하기 위해 세 가지 약
물을 사용하지만 그때만 해도 그 약물들은 아직 임상 실험 단
계에 있었다. 실험 대상자에 포함되기 위해서는 AZT를 중지
해야 했기 때문에 루이스는 실험 대상으로도 참여할 수 없는
상태였다.) 루이스에게 나타난 망막염의 첫 번째 증상은 눈
이 침침해지면서 시야에 어두운 반점들이 떠다니는 것 같
은 느낌이 드는 것이었다. 진찰을 받으러 왔을 때, 그의 양
쪽 눈은 모두 시력을 잃어 가고 있었다.

망막염은 빠른 속도로 진행되었고, 한 달도 안 되어 루
이스는 완전히 실명하고 말았다. 당연히 그는 아내 블랑카

에게 더욱 의존하게 되었다. 루이스가 병원에서 마지막 투병 생활을 하는 동안 나는 자주 그를 찾아갔다. 그는 여전히 사람을 잘 따랐고 긍정적이었으며, 내 목소리가 들리면 환한 미소를 지으며 두 팔을 뻗어 나를 반겼다. AZT를 계속 투약하기 위해 루이스가 기꺼이 시력을 포기했다고는 하지만, 그 약 하나만으로 에이즈의 진행을 막을 수는 없었다. 결국 얼마 지나지 않아 그는 사망했다.

루이스가 죽고 몇 달 후, 블랑카는 메사돈 프로그램을 중단하고 아이들을 데리고 퀸즈로 돌아갔다. 떠나기 전, 그녀는 퀸즈로 돌아가면 옛날 남자 친구와 함께 살면서 아이를 더 낳을 것이라는 이야기를 담당 상담원에게 했다고 하는데, 그녀가 진짜 그렇게 했는지는 모르겠다.

●도넬, 크랙과 헤로인에 삶의 모든 것을 바치고 직장과 생활 수단을 잃기 전까지는 시내 중심가의 법률 사무실에서 법률 보조원으로 몇 년간 일했던 30대 후반의, 작지만 강인한 흑인 남자. 메사돈 프로그램 센터를 찾아올 때, 그는 언제나 정장을 깔끔하게 차려입고 머리는 단정하게 빗어 넘겼으며 손톱까지 잘 손질하는 등 끝까지 품위를 잃지 않으려고 애쓴 모습이었다. 중고차 세일즈맨 같은 폼으로 악수를 하거나 과도하게 정중한 태도를 취하는 모습을 보고 있노라면 어쩐지 사기당하고 있다는 느낌이 들 때도 있었지만, 어쨌든 나는 그를 만날 때면 항상 기분이 좋았고, 자기 치료에 열성적인 그의 태도에 늘 감사했다.

도넬은 무엇을 하든지 엄청나게 열정적이었다. 에이즈 예방의 일환으로 본격적인 교육이 이루어지기 몇 해 전부터 거리에서 마약을 하는 사람들을 교육시키는 데 적극적으로 참여했고, 지역 단체 모임에서나 고등학생들에게 에이즈의 위험성과 HIV 감염을 막기 위한 최선의 예방법에 대해 연설하기도 했다. 빠르고 흥분된 말투에 강한 손짓을 섞어서 자신과 똑같은 실수를 저지르지 말라고 간곡히 당부하는 그의 이야기는 청중들을 사로잡곤 했다.

그가 뉴모시스티스 카리니 폐렴 때문에 병원에 세 번째로 입원했을 때였다. 그가 학사 학위를 받기 위해 다니던 브롱스 커뮤니티 칼리지의 학적계에 전화를 걸어, 숨을 헐떡거리면서, 예상보다 오랫동안 수업에 나갈 수 없을 것 같다고 설명하던 모습이 아직도 눈에 선하다. 그가 전화에 대고 하는 이야기를 듣고 있자니 생명을 위협하는 이 병조차도 그의 인생 계획에서는 조그마한 변수에 불과한 듯했다. 그는 폐렴을 이겨냈고, 아마도 가깝게 지내던 다른 폐결핵 환자에게서 옮은 것 같은 폐결핵도 이겨냈다. 그러나 다시는 학교로 돌아가지 못했다.

도넬은 1987년에 내가 처음으로 AZT를 사용하여 치료한 환자 중의 한 명이었다. 그는 극심한 구역질에 시달렸고, 빈혈 증세 때문에 자주 수혈을 받아야 했다. 빈혈은 일반적으로 나타나는 부작용의 하나로서, 특히 당시의 우리처럼 다량의 약을 투여하는 경우에는 더 빈번했다. 그래도 그는 바이러스와 싸우는 일이라면 무엇이든 적극적으로 받아들였다. 그는 가끔 한밤중에 깨어나 자신의 몸속에서 메뚜기 떼처럼 소리 없이 증식해 가는 바이러스를 상상하곤 하지만, AZT가 자기 마음속에 다시 한 번 싸울 기회를 줄 것이라고 생각하며 어둠 속에 누워 있곤 한다고 말했다. 일 년 후, 마치 자신의 죽음을 예견이라도 한 것처럼 자기가 죽으면 시신을 화장시켜 달라고 했다. 도넬의 집안에선 화장을 하지 않았지만, 도넬에게는 자신의 육신과 함께 바이러스를 태워 없앨 수 있다는 사실이 작은 위안이었던 셈이다.

도넬의 장례식 날, 8x10인치 크기의 사진이 그의 관 위에 놓여 있었다. 정장에 잘 손질된 머리 모양, 깨끗한 피부에 자신만만한 미소를 띠고 있는 사진 속의 그는 에이즈의 폐허 속에서 살아남은 자의 얼굴을 하고 있었다.

●에디, 브롱스의 벨몬트 구역 출신으로 옛날에는 뉴저지의 마약 밀매업자 밑에서 행동 대장으로 일했다는 34세의 터프한 이탈리안. (그를 처음 진찰할 때 배에 있는 몇 개의 총탄 자국을 유심히 바라보자, 그는 금니를 번쩍이며 "베이온에 있는 한 창고에서 궁지에 몰린 적이 있어서 말이야…"라고 아무렇지도 않게 말했다.) 그런 무시무시한 이야기에도 불구하고, 그를 아는 사람들은 옛날에 비하면 에디가 최근 몇 년 동안 아주 차분해졌다고들 했다. 나로서는 그를 늦게 알게 된 것이 천만다행이라 생각하곤 했다.

에디는 목숨을 건 많은 사건에 정면으로 맞서 온 사람

답게 자신의 병에도 정면으로 승부하고자 했다. 그는 자신에게 승산이 있는지 알고 싶다고, 해야 할 일은 빨리빨리 결정해 버리고 뒤돌아보지 않겠노라고 했다. 그에게는 아내 브랜다와 딸 멜리사가 있었는데, 아내 역시 HIV와 관련된 병에 걸려 있었다. 그에게 바람이 있다면, 아내와 딸을 보살필 수 있을 때까지 보살피다가 가능하면 우아하게 빨리 죽는 것이었다. 그리고 그는 이런 바람을 그다지 숨기려고 들지도 않았다. 에디의 딸 멜리사는 내 딸보다 몇 살 위였기 때문에 나와 에디는 종종 아버지로서 맛보는 즐거움과 어려움에 대해서 이야기를 나누곤 했다. 에디가 딸에 대해 보이는 강한 보호 본능, 딸의 안전과 행복을 위한 그의 헌신, 그리고 딸이 자라는 모습을 지켜봐 줄 수 없는 그의 슬픈 상황에 나는 깊이 공감했다. 차갑고 무자비하기만 할 것 같은 그의 가슴속에 딸에 대한 따뜻한 사랑의 감정도 존재한다는 사실에 나는 놀라지 않을 수 없었다.

에디는 에이즈 양성 환자였지만 조금 수상한 보험 회사에 선이 닿는 친구를 통해 생명 보험에 가입할 수 있었다. 나중에 아내가 보험금을 타지 못하게 할 것, 그것이 자기가 직접 나서지 않고 친구를 통해 보험 증서를 만든 유일한 이유였다. 에디의 눈 속에는 때로 위협처럼 느껴지는 냉담함이 있었다. 그러나 거기에는 또한 사람의 마음을 끄는 성실함과 솔직함도 있었다. 그는 어리석은 짓은 용서하지 않았지만 친구들에게는 더할 나위 없이 충실했고, 다른 사람이 자기를 위해 뭔가를 해주면 감사히 여겼다. 에디는 고

집스럽게 자신만의 엄격한 도덕규범을 지키며 살아가는
사람이었다. 갑자기 발병한 패혈증으로 투병 중이던 그가
비디오테이프를 들고 나를 만나러 진료소로 왔을 때가 그
를 마지막으로 본 날이었다. 그 테이프는 당시 시장에 막
선보인 것으로서 특수 안경을 쓰고 보면 가상현실을 체험
할 수 있는 것이었다. 우리는 나란히 앉아 서로 안경을 주
고받으며, 마치 여자 탈의실 벽에 나 있는 구멍을 발견한 6
학년짜리 애들처럼 소리를 지르며 손을 흔들어댔다.

● 마가렛, 브롱스 북쪽 근교에 있는 마운트 버논에서 자란
유태인. 그녀는 십대 때 이미 의사였던 아버지를 통해 얻은
발륨을 비롯한 다른 약물에 중독되어 있었다고 한다. 고등
학교 입학시험에 낙방하면서 방황을 시작한 그녀는 가출
을 했고, 헤로인과 코카인 주사를 알게 되면서 할 수 있는
일이면 뭐든지 하며 브롱스 거리를 떠돌았다.

　그녀는 뗏목에 의지해 바닷물에 이리저리 떠밀리다 겨
우 육지에 도달한 난파선의 마지막 생존자 같은 모습으로
메사돈 프로그램 센터에 찾아왔다. 텁수룩하고 지저분한
머리, 움푹 패이고 주위가 시커멓게 가라앉은 눈에 핏기 없
는 얼굴이던 그녀는 스물여섯 살이었다. 피부는 온통 코카
인 주사 자국과 코카인에 중독되었을 때 나타나는 환촉[15]
때문에 긁어댄 흉터로 덮여 있었다.

　마가렛은 거리에서 매춘을 하는 게 너무 힘들기도 하
거니와 손님한테 살해당할 것 같아 무섭다면서 메사돈 프

로그램에 참여하고 싶다고 말했다. 마가렛은 브루크너 고속도로 아래에서 몸을 파는 싸구려 매춘부였다. 고객들은 대부분 시내에서 퇴근해 아내와 가족들이 기다리는 집으로 차를 몰고 돌아가는 남자들이었다. 그곳에서는 5달러만 주면 자동차 앞좌석에서 오럴 섹스를 해주는데, 성기를 삽입하는 경우, 특히 콘돔을 쓰지 않아도 좋다고 여자가 동의하는 경우에는 아주 약간 더 비싸진다. 마가렛은 필요한 만큼의 약을 사기 위해 하룻밤에 20명과 관계를 가진 적도 있다고 했다. 대부분의 돈은 코크[코카인]를 사는 데 필요하지만 아무렇지도 않게 섹스를 해치우기 위해서는 "도프"(헤로인)도 필요하다고 말했다.

전날 밤 고객에게 얼마나 얻어맞았는지, 그녀는 내가 검사를 하는 동안에도 자꾸 몸을 움찔거렸다. 그녀가 고통스러워하는 모습과 몸에 난 시퍼런 멍 자국들, 누렇게 변색된 데다가 그나마 몇 개 남지도 않은 치아와 입을 보면서 나는 거리에서 이루어지는 매춘의 원시적인 잔혹성이라는 것을 다시 한 번 생각해 보게 되었다. 두 딸의 아버지로서, 한때는 초롱초롱 빛나는 눈망울의 귀여운 소녀였을 그녀가 지금은 얼마나 깊은 수렁에 빠져 있는지를 생각할 때면 갑자기 끔찍해졌다. 환자를 치료해 줄 수 있는 약도 없을 뿐만 아니라 부모조차도 이런 끔찍한 일로부터 자기 딸을 보호해 줄 수 없는 곳이 바로 내가 살고 있는 세상이라는 사실을 새삼 떠올리게 될 때마다 나는 아찔해졌다.

마가렛은 입안이 곪아서 헐어 있었다. HIV가 진행된

증거인 진균성 감염[16]이었다. 이것은 마가렛처럼 길거리에서 매춘을 하는 사람들과 HIV 전염 간의 관계를 생각해 보게 하는 사례이기도 했다. 매춘을 하는 사람들 중에도 안전을 먼저 생각하는 사람들이 있고, 또 콘돔을 비롯한 예방조치를 취하면서도 더 높은 가격을 받는 경우가 일반적이기는 하지만, 마가렛처럼 길거리에서 매춘을 하는 여성들은 언제나 그런 면에서는 더 취약한 상태에 놓여 있게 마련이다. (길거리에서 매춘을 하는 여성들은 고객에게 HIV를 옮길 가능성보다 남자들로부터 감염될 가능성이 더 높다. 물론 양쪽 다 위험하기는 하지만 말이다. 나는 브롱스에서 일하던 몇 년 동안, 마가렛 같은 환자들이 내게 말해 주던 그 '얼굴 없는 남자들' 이 어떤 사람들인지 가끔 궁금해 하곤 했다. 그 후 나는 도시 근교에 사는 중산층 남자들 중에서 1980년대에 시내에서 몰래 매춘 여성을 찾아다닌 덕분에 에이즈에 걸려 안정된 삶이 무너져 내리는 경우를 많이 볼 수 있었다.)

마가렛은 메사돈 프로그램에 참여한 후 한동안 잘 해나가는 듯했지만, 이번에는 크랙에 빠져 다시 이전의 거리 생활로 돌아갔다. HIV의 병세가 엄청나게 빨리 진행되면서 그녀는 폐렴과 패혈증으로 몇 번인가 입원했다. 마지막 투병 생활을 하던 스물여덟 번째 생일 무렵에는 몸무게가 37kg도 되지 않았기 때문에 마치 산송장처럼 보였다.

나는 병원으로 그녀를 보러 갔다. 그녀 옆에 앉자 어디선가 가냘픈 고양이 울음소리가 들리는 듯했다. 처음에는 착각이려니 생각했지만 곧이어 다시 그 소리가 들렸다. 내가 마가렛에게 어찌된 영문이냐고 묻자 그녀는 잠깐 망설이더니 배시시 웃으며 침대 옆 테이블 아래 서랍을 열었다. 작은 새끼 고양이가 서랍 밖으로 머리를 내밀자 마가렛은 조심스럽게 고양이를 집어 들었다. 나는 이 새끼 고양이가 이 세상에서 마가렛과 사랑으로 관계를 맺고 있는 단 하나의 생물이라는 사실을 알 수 있었다. 가족과의 연을 끊은 지도 오래였고, 그녀가 거리에서 맺은 관계는 대부분 약탈 관계였던 것이다. 목을 가르랑거리는 새끼 고양이의 등을 쓰다듬으면서 미소 짓는 그녀의 모습은 모진 고통과 세상의 냉대에도 불구하고 인간의 마음은 이렇게 사랑을 향해 열려 있다는 사실을 증명해 주고 있는 듯했다. 병실에 고양이를 두는 것은 모든 위생 규정에 어긋나는 일이었지만, 나는 간호사에게 말하지 않겠다고 약속했다. 불행히도 며칠 후 그녀의 비밀은 탄로 나고 말았고, 새끼 고양이는 동물 보호소로 보내졌다. 고양이의 주인은 누구도 구해 줄 수 없는 운명을 짊어지고 있었지만, 보호소로 간 고양이만은 그런 운명에서 벗어날 수 있게 되기를 나는 진심으로 빌었다.

● 프랭키와 메갈리, 둘 다 HIV에 감염되었고 다섯 살도 안 된 세 아이 중 한 아이를 이미 에이즈로 잃은 젊은 부부. 부모와 함께 살면서, 이웃집 어디서나 흔히 볼 수 있는 평범한 십대였던 메갈리는 16살에 프랭키를 만나면서 방황을 시작했다고 한다. 24살의 미남 프랭키는 메갈리에게 섹스와 마약은 물론이고, 나중에는 에이즈까지 가르쳐 주었다.

그로부터 여러 해가 지나 내가 그녀를 만났을 때, 그녀는 이미 HIV에 감염된 사람의 명확한 증상, 즉 몸무게 감소, 피로감, 머리카락의 얇아짐, 피부 발진을 보이고 있었다. 그녀는 가족들을 위해 희생적인 역할을 자진해서 해낼 만큼 사심 없는 사람이었고, 프랭키라는 남자와 그가 휘두르는 폭력을 참아내는 데에도 이미 익숙해져 있었다. 이미 에이즈 관련 폐렴으로 병원에 입원해 있던 프랭키는, 아이들과 그리고 자기 나름대로는 아내에게도 지나칠 정도로 헌신적이기는 했지만, 비열하고 냉소적이며 난폭한 사람이었다.

프랭키는 크랙 밀매업자로서 어느 정도 성공했지만 친구에게 배신을 당하는 바람에 체포되었다. 물론 이것은 프랭키의 추측이었다. 그는 뉴욕 북부의 한 교도소에 일 년 동안 수감되었다가 가슴속에 분노만을 품은 채 무일푼으로 풀려났다. 그가 풀려난 것은 계속해서 써댄 탄원서와 에이즈 환자는 조기 석방하는 특별 규정 덕분이었다. 교도소에서 풀려난 후 프랭키의 병은 급속도로 악화되었다. 진료소의 사회 봉사자들은 그가 지불 무능력자라는 증명을 받을 수 있게 해주었는데, 이 증명 덕분에 프랭키는 소송이 끝났을 때 몇 천 달러의 생계 보호비를 소급하여 받을 수 있었다. 프랭키가 소송에서 승리하자 우리 진료소의 사회 봉사자들과 상담원들은 프랭키와 그의 가족을 위해 그 돈을 받아내는 데 도움이 되었다는 사실을 무척이나 뿌듯해 했다.

지불 무능력자라는 점 덕분에 프랭키는 아이들을 보살 필 수 있는 얼마간의 돈을 모을 수 있었지만, 그는 '블로 우'[코카인]와 자신과 메갈리를 위한 커플 목걸이를 사는 데 2천 달러를 써 버렸다. 그가 금목걸이를 번쩍이며 휠체어 에 앉아 진료소 문을 밀고 들어서는 모습은 신하들에게 호 의를 베풀거나 조언을 해준 후 자기에게 존경을 표하기를 기다리는 늙은 군주처럼 보였다. 그의 이러한 승리는 달콤 하기는 했지만 덧없이 끝나 버렸다. 몇 달 지나지 않아 그 의 병은 점점 더 악화되다, 결국 사망했기 때문이다.

메갈리는 불행하게도 프랭키를 잃었지만, 그때서야 그 가 자신을 얼마나 혹사시켰으며, 그런 상황에 자신이 얼마 나 분노하고 있었는지를 깨달았다. 메갈리는 씩씩하게 몇 년인가를 더 살았다. 그녀는 나중에 나에게 반농담조로 "그놈의 인간이 아직 살아 있으면 내 손으로 죽일 수 있을 텐데 말예요"라고 말하기도 했다. 몸이 점점 허약해지고 죽음이 다가오면서부터, 메사돈을 받으러 날마다 아이들 을 데리고 병원에 오는 메갈리의 모습은 바라보는 것만으 로도 가슴이 아팠다. 그래도 그녀는 최선을 다했다. 슬픈 일이기는 하지만, 달리 맡아 줄 친척도 없는 아이들은 메갈 리가 죽으면 양육 시설로 보내질 것이 분명했다. 이따금씩 메갈리는 자기가 죽고 나면 뿔뿔이 흩어져 버릴 아이들을 지키기 위해서, 단지 그것만을 위해서 가능한 한 오래 살고 자 노력하는 것처럼 보이기도 했다.

내가 그 아이들을 마지막으로 본 것은 매년 환자들을

위해 여는 파티가 끝날 무렵이었다. 파티를 하면서 벗어 놓았던 두터운 외투를 엄마가 다시 입혀 주는 동안, 그들은 약간 상기된 얼굴로 웃고 있었다. 그러면서도 빨간색과 초록색으로 포장된 크리스마스 선물(메사돈 프로그램 상담자들이 장난감 가게 등에서 기부 받은 것이다)을 손에서 놓지 않았다. 메갈리와 그녀의 아이들이 제롬 애버뉴의 차가운 대기 속으로 걸어가는 뒷모습을 눈으로 따라가면서, 나는 그 파티의 기억이 앞으로 그들에게 펼쳐질 고통과 고난으로부터 그들을 보호하는 데 조금이라도 도움이 되었으면 좋겠다고 생각했다.

●카르멘, 절대 임신할 수 없다는 이야기를 몇 번이나 들었지만 서른네 살의 나이에 첫 아이를 가지게 된, 사슴처럼 커다란 눈과 부드러운 목소리를 지닌 조용하고 온화한 도미니카 출신의 여인. 첫 번째 임신 검사 때 그녀는 상당히 흥분해 있었고, 정말 임신이 되었는지 자기 눈으로 직접 확인하겠다며 혈액 검사 결과를 보여 달라고 우겨댔다. 그녀는 이미 HIV가 증후성 단계에 이른 상태에 있었기 때문에, 임신은 오랜 노력이 빚어낸 기적이나 다름없었다. 이런 경우, 태아에게 에이즈를 옮기는 것뿐만 아니라 카르멘이 자신의 건강과 임신 상태를 유지해 나갈 수 있을지도 걱정이었다. 그러나 아이는 신이 내려 주신 선물이며, 지금의 어려움을 이기고 아이를 낳는 것이 이 세상에서 그녀의 마지막 임무임이 분명하다고 그녀는 말했다. 그리고 단호하게

아이를 낳겠다고 했다. 내가 볼 때는 비관적이었지만, 그녀의 신념이 너무나 확고했기 때문에 온 마음으로 그녀를 지지하는 것 외에 다른 방법은 없었다.

임신 기간 동안 합병증 때문에 고생을 하기도 했지만, 카르멘은 그 모든 것을 이겨내고 달을 꽉 채운 후 건강하고 정상적인 몸무게의 여자아이를 출산했다. 분만실에서 그녀는 아기의 이름을 레베카라고 지었는데, 그때 카르멘의 얼굴은 감사의 마음과 안도감, 그리고 자부심으로 빛나고 있었다. 생후 3개월이 될 때까지 아기는 몇 번인가 병을 앓았다. 우리 모두는 아기가 HIV에 감염되지나 않았을까 걱정했지만, 생후 6개월이 지나서 나온 아기의 항체 검사 결과는 음성이었다. 그리고 일 년이 되었을 때도 아기는 감염이나 병의 징후를 보이지 않았다. (당시에는 신생아의 HIV 감염 여부를 밝힐 수 있는 검사 방법이 없었다. 감염 여부에 대한 검사 방법은 오직 HIV 항체 검사뿐이었는데, 모든 신생아는 분만 시 산도를 통해 어머니의 HIV 항체를 어느 정도 갖게 되기 때문에 모체가 감염되어 있는 경우에는 출생 시 항상 양성 반응을 나타낸다. 그러므로 부모와 의사들은 여러 해가 지나도록 양성인지 음성인지를 확신하지 못하고 불안해하면서, 혹시라도 아기가 음성 반응을 나타내지나 않을지 또는 HIV 감염 증거는 없는지 살피는 경우가 많았다. 만약 아무런 현상이 없다면 태내 감염을 피한 것이다. 다행히도 지금은 잔류성 바이러스 측정을 통해 출생 직후에 좀 더 확실하게 이 문제에 대한 답을 얻을 수 있다.)

카르멘은 레베카를 낳은 지 6개월 후에 우리 프로그램을 그만두고 이스트 브롱스로 이사했고, 그렇게 그녀 가족과 아기와의 소식도 끊어졌다. 5년 후, 맨해튼의 한 서점에서 에이즈를 앓고 있는 사람들의 사진이 담긴 책을 하나 보게 되었는데, 그 많은 사진들을 뒤적거리다가 어쩐지 낯익은 아이의 사진이 눈에 들어왔다. 그것은 분명히 여러 해 동안 까맣게 잊고 지내왔던 카르멘의 얼굴을 떠올리게 하는 표정이었다. 재빨리 사진을 넘겨 뒤쪽을 보자, 아니나 다를까 그녀의 딸 레베카라고 쓰여져 있었다. 또 이 아이는 HIV 감염자에게서 태어났지만 감염되지 않았으며, 사진을 찍을 당시의 나이는 세 살이라고 쓰여 있었다. 그 작은 소녀는 다른 보통 아이들과 마찬가지로 너무나 예쁘고 행복해 보였으며, 죽음의 그림자 같은 것은 전혀 느껴지지 않는 얼굴이었다. 나는 책을 덮고 카르멘을 생각하며 미소를 지었다. 그녀는 그토록 열망했던 것을 이루어낸 것이다.

거대한 강도 개천에서 시작되고 수천 개의 물줄기가 더해져 더욱 세차게 흘러가듯이, 한 사람 한 사람에 얽힌 기억과 얼굴, 그들의 상황들을 생각하다 보면 다른 사람들이 줄지어 떠오른다. 그렇게 자꾸만 늘어나는 이미지와 회상, 그리고 그들과의 연계는 어느새 내 마음속에서 일렁이는 바다가 되어 파도치고 있다. 그 많은 기억들 중에서 여기에 특히 다섯 명의 이야기를 싣고자 한다. 어떤 면에서 이들은, 그 당시에는 별로 깨닫지 못했지만, 내 속에 숨어 있던 무엇인가를 움직여서 내가 나의 이야기를 풀어낼 수 있도록 그리고 에이즈가 나에게 어떤 의미를 갖는지 알 수 있도록 도와주었기 때문에 나에게는 좀 더 특별한 의미가 있는 사람들이라고 말할 수 있다.

*

여러 환자들 중에서도 내가 넬슨을 가장 생생하게 기억하고 있는 것은 그가 나와 생일이 같았기 때문이라기보다는 그에게서 풍겨져 나오던 정신의 은은한 기품 때문이라고 생각한다. 메사돈 프로그램에 등록되어 있는 환자들 중에서도 극단적인 성격 장애를 보이는 환자들에게는 더욱더 주의를 기울여야 하기 마련인데, 넬슨은 그런 환자들 틈에서 성실하고 사려 깊게 그리고 평온하게 지내고 있었다. 다른 환자들과는 달리 넬슨은 더 이상 마약이나 그 밖의 다른 탈출구를 찾지 않으면서도 병에 대한 걱정과 두려움에 대해 이야기할 수 있을 정도로 정신적으로 성숙한 사람이었다. 환자들과 함께 생활하다 보면 아무리 노력해도 부족하다는 느낌, 다시 말하면 감정적으로 빈곤의 바다에 빠져 버린 듯한 순간이 있기 마련이다. 제롬 애버뉴에 있는 큰 진료소에서 일하던 어느 의사 보조원은, 병원 문을 들어서는 순간부터 저녁에 퇴근할 때까지 자신을 향해 감정적 도움을 바라며 내미는 저 끝도 없는 요구들을 마주하는 것만으로도 너무나 피곤하기 때문에 정작 자기 자신의 문제에까

지 신경을 쓰려면 마음이 일곱 개나 여덟 개쯤은 더 있어야
할 것 같은 생각이 든다고 말하곤 했다. 하지만 넬슨은 그
런 환자들과는 달랐다. 넬슨은 의사들로 하여금 자신이 기
울인 노력만큼 환자에게서 긍정적인 에너지와 감정적인
지원을 되돌려 받고 있다고 느끼게 만드는 사람이었다.

넬슨이 병원에 올 때면 늘 함께 오던 그의 아내 메릴린
다 역시 조용하고 얌전하며 점잖은 여자였다. 그들에게는
12살 먹은 마뉴엘이라는 외아들이 있었는데, 마뉴엘 역시
험하게 자란 티가 나지 않았다. 양키 스타디움에서 멀지 않
은 고속도로 남쪽의 열악한 환경에서 살고 있으면서도 아
들을 제대로 키운 것만큼은 확실해 보였다. 이들 세 식구가
보여 준 화기애애한 모습은 그때까지 내가 의식하지 못했
던 내 안의 무엇인가를 뒤흔들어 놓았다. 그것은 이제까지
경험하지 못했던, 아니 경험했더라도 너무나 짧았기 때문
에 기억 속에서 지워져 버린 이상적인 가족의 이미지였다.

넬슨은 내가 AZT 처방을 내린 첫 번째 환자였다. 그때
가 1987년 봄이었는데, AZT의 사용 승인이 내려져 시중에
유통되기 시작한 바로 그 주였다. 이것이 앞으로 내가 수도
없이 쓰게 될 처방전의 제1호가 되겠구나 생각하면서 조심
스럽게 처방전을 썼던 기억이 난다. 그때 넬슨과 나는 AZT
가 곧 일반에 시판되리라고 예상하고 있었다. 사실 그 당시
만 해도 에이즈와 관련된 모든 사람들에게 AZT는 그야말
로 기념비적인 사건이었다. 그 약은 에이즈 바이러스를 제
어할 수 있다는 가능성을 처음으로 보여 주었던 것이다. 그

전까지 우리가 에이즈 환자들에게 했던 것은 모두 보조적
치료에 불과했다. 즉, 체력을 유지할 수 있도록 도와주는
일뿐이었다. AZT가 출현함으로써, 비록 효과가 적고 조악
한 것이기는 했지만, 우리는 마침내 바이러스 자체에 반격
을 가할 수 있게 되었던 것이다.

그러나 넬슨에게 처방전을 건네주면서도 나는 이미 너
무 늦었다는 것을 알았다. 넬슨도 그 처방이 자신의 생명을
연장시키는 데에는 별로 도움이 되지 못하리라는 것을 알
고 있었다. 그리고 서로의 이런 생각을 알게 된 순간, 넬슨
앞에서 에이즈의 위력과 신비로움은 조금이나마 그 빛을
잃는 듯했다.

바로 그날 나는 워싱턴의 힐튼 호텔에서 열리는 제3차
국제 에이즈 회의에 참석하기 위해 워싱턴으로 가는 기차
를 탔다. 워싱턴에 정시에 도착한 나는 호텔 밖에서 경찰들
이 연방 정부의 소극적인 에이즈 대책을 규탄하는 시위대
를 체포하느라 여념이 없는 광경을 보았다. 한편, 호텔 안
에서는 에이즈 운동 단체인 "액트업Act UP"의 회원들이 보
내는 거친 야유를 뚫고 당시 부통령이던 조지 부시가 청중
을 향해 연설하려고 애를 쓰고 있었다. 부시는 몹시 당황한
듯했고, 이런 혼란이 도대체 왜 일어났는지 전혀 모르겠다
는 얼굴을 하고 있었다. 연단을 떠나기 전에 그가 보좌관들
에게 중얼거리는 소리가 들려왔다. "저건 뭐야? 게이 집단
이야, 뭐야?" 비슷한 내용이었는데, 그때까지 켜져 있던 마
이크를 통해 그 말은 멀리 퍼져 나갔다. 워싱턴에서 정치를

하는 족속들은 내 환자들의 일상생활, 그리고 집으로 돌아
가고자 하는 몸부림과 얼마나 동떨어져 있는지!

내가 국제 에이즈 회의에 참석하기 시작한 이래 늘 그
랬던 것처럼 그해에도 나는 환자들로부터 희망에 가득 찬
전송을 받았다. "의사 선생님, 돌아올 때는 치료법 좀 알아
오세요!" 그러나 늘 그래 왔듯 그해 역시 빈손으로 돌아갈
수밖에 없었다. 에이즈에 관한 최신 정보는 알아낼 수 있었
지만 치료법은 없었다. 어느 해였던가, 나는 이런 환상에
빠지기까지 했다. 이를테면 국제 에이즈 회의에서 상상도
못할 만큼 과학적 지식이 뛰어난 권위자가 나타나 자신이
에이즈 치료제를 가지고 있노라고 하면서, 기나긴 전쟁을
끝낸 개선장군이 장병들에게 이야기하듯, 그동안의 우리
의 노고를 치하하고, 이제 집으로 돌아가 가족들과 행복한
시간을 보내라며 우리를 보내 주면 좋겠다는 환상 말이다.
지금까지 그런 일은 일어나지 않았고, 앞으로도 쉽게 일어
나지는 않을 것이다. (그로부터 9년 후인 지난 1996년, 밴쿠
버에서 열린 제11차 국제 에이즈 회의에서 새로운 치료법이
발표되어 많은 사람을 흥분시켰다. 그 후 주요 에이즈 회의가
열릴 때마다 새로운 치료법들이 발표되고 있지만, 그런 방법
들은 환자들에게 실제로 적용할 때의 어려움을 고려하지 않
은 내용들이다. 치료법이 발전한다는 것은 주목할 만한 일이
고 또 환영할 일이다. 하지만 의학적 치료를 받을 수 있는 기
회 자체가 불공평한데다가 빈곤, 마약 중독, 다른 약물 투여
스케줄과의 시간 조절, 일생 동안 받아야만 하는 복잡한 약물

처방(환자에 따라서는 매일 20정 이상의 약을 먹는 경우도 종
종 있다), 약물 자체의 심각한 후유증인 중독성 같은 것들이
새로운 치료법을 효과적으로 사용하는 데 있어 만만치 않은
장애물로 작용하고 있다. 씁쓸한 말이기는 하지만, 에이즈를
간단하게 치료하는 방법이 발견된다고 하더라도 그것이 에이
즈의 완전 괴멸을 의미하는 것은 아닐 수도 있다. 매독 치료의
역사가 증명하고 있듯이 말이다. 매독에는 아주 간단한 치료
법이 사용되어 왔다. 대개의 경우 페니실린 주사 한 대를 놓는
것이 전부다. 하지만 지난 50년 가까이 이용되어 온 이 페니
실린 요법은 미국은 물론 전 세계 곳곳에 심각한 건강상의 문
제점을 남겼다).

　　AZT 처방으로 6개월 정도는 잘 버텼지만, 넬슨은 점차
약해지기 시작했다. 체중이 줄기 시작하더니 평형감각과
근육 조정 능력을 잃어 갔다. 감각은 계속 없어지거나 둔해
졌다. 어느 날은 진료소에서 발작을 일으켜 노스 센트럴 브
롱스 병원의 응급실로 옮겨졌다. 그곳에서 CT를 찍어 본
결과, 전두엽[17]에 커다란 환형 병변이 있었다. 조직 검사를
해봐야 정확한 진단을 내릴 수 있겠지만, 대뇌에 발생한 톡
소플라스마증[18]이나 림프종[19]과 거의 비슷한 증세였다. 사
실, 그 당시만 해도 우리 병원에서 에이즈 환자들을 위해
기꺼이 일할 외과 전문의를 찾기란 거의 불가능했다. 넬슨
의 경우도 예외는 아니었다. 게다가 넬슨과 그의 아내는 넬
슨이 다시 위독해진다고 해도 치료를 하고 나서 삶이 나아
진다는 보장이 없는 한 수술 같은 적극적인 치료는 절대 받

지 않겠다고 결심한 상태였다. 우리는 톡소플라스마증에 효과적이라고 판단되는 약물을 일주일간 투여했지만 증세는 조금도 호전되지 않았다. 그의 정신 상태는 계속 희미해져 갔고, 이따금씩 의식을 잃기도 했다.

그를 마지막으로 만난 날, 나는 침대 곁에 앉아 그의 손을 잡아 주었다. 그는 눈을 뜨더니 희미하게 웃으며 "여기 있어줘서 고마워요"라고 말했다. 그러고는 내 손을 꼭 쥐었다. 옆에 있던 그의 아내가 조용히 흐느끼기 시작했다. 나는 그녀와 잠시 동안 이야기를 한 후, 그녀가 수건으로 그의 온몸을 닦아 주는 것을 바라보았다. 나는 세례를 받아 본 경험은 없었지만, 그녀가 그토록 오랫동안 정성을 다하여 차근차근 그의 몸을 닦아 주는 행동은 어딘가 성스러운 느낌을 주었다. 그녀는 마치 살아 있는 넬슨의 몸을 만지는 것이 이번이 마지막일 것이라는 사실을 알고 있는 듯, 그리고 영원히 그의 몸을 닦아 주고 싶어 하는 듯 보였다. 그날 밤 넬슨은 잠에서 깨어나지 못했다.

마지막 투병 생활에 들어가기 몇 달 전, 넬슨은 이루지 못한 소원이 하나 있다고 내게 말했다. 그것은 푸에르토리코에 돌아가 자신의 모터사이클을 다시 한 번 타보는 것이었다. 그는 낡은 할리-데이비슨[20]을 약간 개조해서 친구의 차고에 보관해 두었다고 했다. 그는 벌써 많이 수척해진 모습이었는데, 언덕길을 달려 올라가거나 마리카오의 커피 재배 지역에 있는 집 근처 산의 가파른 등성이를 내달리는 자신의 모습을 상상하면서 즐거워했다. 그가 그런 여행을 견뎌낼 수 있을지 확신할 수 없었다. 하지만 넬슨에게 중요한 것은 고향에 가 보는 것이라는 사실을 알고 있었기 때문에 우리는 그에게 몇 주일 동안 먹을 약을 주고, 필요하다면 푸에르토리코 의료진에게 치료를 받을 수 있도록 주선해 주었다. 그는 나에게 엽서를 보내 왔고, 몇 주일 후 햇빛에 그을린 얼굴로 웃으며 돌아왔다. 그리고 더 이상 원이 없다고, 아무렇지도 않게 말했다(나는 그 당시, 그건 얼마나 황홀한 느낌일까, 하고 생각했던 것으로 기억한다). 그의 상태가 급속도로 악화되면서 마지막 투병 생활을 시작하게 된 것은 그 여행에서 돌아오고 얼마 지나지 않아서였다.

어느 비 오는 날 저녁, 나는 이스트 할렘의 한 작은 장례식장에서 열린 넬슨의 장례식에 참석했다. 어두운 나무 의자들과 붉은 벨벳으로 덮인 벽, 그 방안에 놓인 관. 넬슨은 그 속에 누워 있었다. 나는 관 가까이 가서 잠시 동안 고개 숙여 묵념을 하고, 관 속에 누워 있는 그를 보았다. 말끔하게 다림질한 짙은 갈색 양복 정장 차림에 머리는 단정하게 빗어 뒤로 넘긴 모습이었다. 가슴 위로 모아 쥔 두 손에는 묵주가 쥐어져 있었다. 문상을 할 때면 늘 그랬듯이, 나는 그날도 넬슨이 지금 이 순간 어디에 있을까 생각했다. 그리고 그가 어디에 있더라도 행복하기를 기원했다. 묵념을 끝내고 돌아서자 메릴린다가 보였다. 나는 그녀를 가볍게 안아 주었다. 그 옆에는 병원에서 잠깐 뵌 적이 있는 그의 부모님이 있었다. 두 눈에 눈물이 가득 고인 넬슨의 아버지는 두 손으로 내 손을 붙잡더니 스페인어로 "감사합니다. 선생님이 우리 아들을 위해 해준 일들은 절대 잊지 못할 겁니다"라고 말했다. 한 아버지가 자기 아들의 주검 앞에서 기억과 사랑을 담아서 내게 한 이 말은 나를 무척이나 감동시켰다. 장례식장을 나와 차가운 밤공기를 가르며, 나는 다시 한 번 내가 꼭 해야 할 일을 선택했다고 확신했다. 그때까지 나는 넬슨의 아버지가 내게 했던 말, 아들을 잃은 아버지가 아버지 없이 자란 한 남자에게 건넨 감사의 말이나 자신의 삶에 얼마나 깊이 파고들게 될 것인지, 그리고 오랜 세월 내 가슴속에 잠재되어 있던 아버지의 죽음과 아버지에 대한 나의 감정에 얼마나 와 닿는 말인지를 아직 깨닫지 못한 상태였다. 아버지를, 남편을, 아들을 잃은 이들 가족, 그리고 그 안에 반영된 넬슨의 모습을 바라보는 동안 내 안에서는 저릿하고 고통스러운 무엇이, 나를 어린 시절의 이야기로 끌고 가는 무엇이 꿈틀거리고 있었다.

*

26살의 푸에르토리코 출신인 밀라그로스를 처음 보았을 때 그녀는 임신 28주였다. 그렇지만 그녀의 배는 너무나 홀쭉해서 아무리 봐도 임신 28주로는 보이지 않았다. 적대적이고 의심 많은 성격인 그녀는 정기 검진 예약을 해놓고도 계속 오지 않았는데, 그녀의 메사돈 프로그램 담당자가 나한테 검진을 받고 오기 전에는 약을 주지 않겠다고 했다면서 나를 찾아온 것이 첫 만남이었다.

밀라그로스는 작은 체구에 까무잡잡한 피부를 가진 여성이었다. 새까만 머리와 성난 것 같은 눈, 뚜렷한 얼굴 윤곽은 그녀의 인상을 날카로워 보이게 했다. 임신을 했다고는 하지만 배가 너무 작아서 아직 꽃잎이 피지 않은 꽃봉오리 같은 그런 느낌을 주는 모습이었다. 몇 년 동안이나 자기 몸을 전혀 돌보지 않았다고는 하지만, 그녀의 얼굴에는 어떤 환경에서도 드러나는 우아함 같은 것이 있었다. 그리고 그녀는 메사돈 프로그램 담당자가 나를 강제로 만나게 한 것에 대해 상당히 화를 내고 있었다.

그녀는 푸에르토리코에서 태어나 거기서 열 몇 살 때까지 살다가 부모가 이혼하자 어머니를 따라 뉴욕으로 이사를 했다. 그 갑작스러운 환경 변화에 적응하지 못한 그녀는 거리의 유혹 속으로 빠져들었다. 마약을 시작했고, 그렇게 유혹에 빠져든 다른 사람들과 비슷한 경로를 밟아 자기를 돌봐주겠노라고 약속한 나이 많은 남자와 사귀기 시작했다. 그녀는 그렇게 조금씩 어머니와 멀어져 갔고, 그 남자가 그녀를 때리기 시작할 때쯤에는 완전히 집을 나와 버렸다.

내가 그녀를 처음 만났을 때, 그녀는 이미 도시의 어둠의 깊이를, 인간의 잔혹성과 가학성에 대한 모든 것을 절실히 깨달은 상태였다. 푸에르토리코에서 살던 소녀 시절에는 상상도 하지 못했던 끔찍한 곳에서 살아온 덕분이었다. 그녀를 처음 진찰했을 때, 그녀는 메사돈 프로그램에 일 년 정도 참여하고는 있었지만 치료 지침을 제대로 실천하고 있지는 않았다. 처음에는 크랙에 중독되었다가 나중에는 코카인을 쓸 때 나타나는 "스트레이트"[21]를 극복하기 위해 헤로인을 다량으로 사용하고 있던 중이었다. 마약 값을 벌기 위해 그녀는 거리에서 매춘을 하고 있었는데, 그 와중에 임신을 하게 된 것이었다. HIV에 감염되기는 했지만, 병세가 본격적으로 진행된 상태는 아니었다. 사실 그녀는 에이즈 바이러스보다는 마약 때문에 죽거나 앓게 될 위험성이 더 컸다. 그녀는 임신한 상태에서도 매춘을 계속했고, 코카인 중독을 치료하기 위한 입원마저도 거부했다. 그녀는 병원에 갇혀 있느니 차라리 죽겠다고 했다.

밀라그로스는 내가 그 전후에 만난 어떤 환자보다도 더 죽은 사람처럼 보였다. 몸은 움직이고 있었지만, 움푹 팬 눈을 보면 그녀의 영혼은 이미 육신을 떠나버린 지 오래인 듯했다. 인간은 아무리 무서운 학대를 당했어도 치료될 수 있고, 아무리 깊은 절망에 빠졌어도 그 절망에서 회복할 수 있다고 배웠다. 하지만 내가 볼 때, 밀라그로스는 글자 그대로 다시는 돌아올 수 없는 죽음의 세계를 향해 가고 있는 것 같았다. 이러한 밀라그로스의 배를 검사했을 때, 그녀의 몸속에서 아기의 빠른 심장 박동 소리와 힘찬 발길질 소리가 들려왔다. 뱃속에 있는 아기가 자신이 살아 있음을 어떻게든지 증명하려고 발버둥치는 것만 같았다.

나와 메사돈 프로그램 담당자들이 그녀에게 임신 정밀 검사를 해야 하며, 입원해서 마약 치료를 받아야 한다고 권한 것은 당연한 일이었다. 그러나 그녀는 우리들의 권고를 확고하고도 단호한 태도로 거부했다. 우리는 병원의 변호사, 윤리학자들과 함께 모여 환자의 치료 거부권을 존중할 것인지 의사의 강제 치료 권리를 우선할 것인지에 대해 열띤 토론을 벌였다. 이런 경우에는 산모의 입장뿐만 아니라 태어날 아기의 안전도 생각하지 않을 수 없기 때문에, 밀라그로스가 임신 중이라는 사실을 고려하면 환자의 치료 거부권을 우선적으로 존중하는 일반적 접근법과는 조금 다른 결론이 나올 수도 있을 것 같아 보였다. 환자의 자기 파괴적인 행동을 그냥 바라봐야 할 뿐 전혀 멈추게 할 수 없다는 무력감, 그것은 내가 그 이전까지 경험해 본 적이 없는 그런 감정이었다.

법률 자문들은 그녀가 일부러 자살하려는 것이 아니라면, 그녀에게 자신이나 아기를 위해서 치료를 받으라고 강요할 수는 없다고 했다. 우리는 단지 밀라그로스에게 치료를 받으라고 권유할 수 있을 뿐이었다. 환자의 자율성과 자기 결정권을 존중해 주어야 한다는 점에서 보면, 이러한 상황도 이해할 수는 있었다. 하지만 나는 환자들이 자신의 결정이 어떠한 결과를 낳게 될 것인지 정확하게 알고 있다면 존중되어야 한다고 하는 환자들의 자율성에 대해 평소에도 여러 모로 생각해 보곤 했었다. 그러나 밀라그로스의 경우에는 우리가 더 이상 어떻게 해볼 도리가 없다는 것에 특히 심한 좌절감을 느꼈다.

내가 밀라그로스를 마지막으로 본 것은 1986년, 크리스마스가 일주일 정도 남은, 임신 정기 검진 때였다. 그녀

는 세 번인가 네 번의 정기 검진을 빼먹은 후 찾아왔었는
데, 지난번 검사 이후 몸무게가 전혀 늘지 않았고 무척 쇠
약해 보였다. 그녀에게 입원을 하는 것이 좋겠다고 하자,
그녀는 지친 눈으로 나를 바라보며 생각해 보겠다고 말했
다. 그러고는 내 팔을 잡고 보일듯 말듯 한 미소를 지으면
서 자기에게 잘해줘서 고맙다고 말했다. 평소와는 너무나
다른 모습이었다.

이틀 후, 11시 뉴스 시간에 나는 밀라그로스에 관한 소
식을 들었다. 살인 사건과 화재, 각종 사건 사고들을 다루
는 지역 방송 중간에 밀라그로스에 대한 이야기가 짧게 방
송되었다. 처음에는 믿을 수가 없었다. 나중에 알아본 바에
의하면, 그날 밤 사우스 브롱스의 남쪽 끝 모트 헤이븐에
있는 아파트에서 그녀는 손님과 싸움을 벌였다고 한다. 그
싸움은 손님이 밀라그로스의 목을 칼로 그어버리면서 끝
이 났다. 누군가가 응급 구조대를 불렀고, 그녀는 링컨 병
원으로 옮겨졌다. 그러나 응급실에 도착했을 때 이미 그녀
의 맥박은 멎어 있었다. 그래도 심폐 소생술을 계속했다.
당시 38주였던 아기를 살리기 위한 행동이었다. 그리고 시
신으로부터 아기를 꺼내기 위해 응급실에서 제왕절개 수
술을 했다. 다행히도 아기는 아직 살아 있었다. 하지만 그
것뿐이었다. 아기는 24시간 후에 신생아실에서 사망했다.

환자를 살려내지 못한 것에 대한 죄책감과 무력감, 노
여움을 느낀 것이 그때가 처음은 아니었다. 물론 마지막도
아니었다. 그렇지만 나는 아직도 밀라그로스와 뱃속에 있

던 아기와 가졌던 몇 번 안 되는 짧은 만남을 생생하게 기억하고 있다. 엄마는 벌써 이 세상을 떠나 저세상 문턱에 거의 가 있었는데 반해, 아이는 이 세상에 머무르기 위해 태어나고 싶어 했던 것 같다. 물론 그렇게 할 수는 없었다. 가고자 하는 길은 전혀 달랐지만 둘은 말 그대로 끊을 수 없는 생명줄로 묶인 관계였기 때문이다. 살아남기 위해 아기들은 자궁 속에서 엄마와 하나가 되려고 하지만, 밀라그로스의 아기는 엄마와 함께 죽지 않기 위해 엄마의 몸에서 떨어지려고 했던 것 같다. 어둠 속을 들여다보는 구경꾼과도 같이, 우리는 이름도 없고 얼굴도 없으며 온통 죽음으로 둘러싸여 있으면서도 생명으로 가득했던 이 새 생명의 윤곽 정도는 잡아낼 수 있었다. 그러나 끝내 그 아기를 자유롭게 해줄 수는 없었다.

밀라그로스의 죽음을 겪기 전에는 삶과 죽음이 그렇게 가깝고, 그렇게 서로 깊은 관련을 가지며 공존하는 것인지 미처 알지 못했다. 아버지의 죽음이 내 인생에서 어떤 의미를 지니는지 알게 되면서 이 사실 역시 나중에 내 자신의 이야기에 깊은 울림을 주었다. 삶이 죽음으로 둘러싸여 있던 밀라그로스와 그녀의 아기를 봄으로써 나는 내게도 감추어지고 죽어 버린 그 무엇이 있다는 것을, 그리고 내가 살아가기 위해서는 그것을 밝은 곳으로 끌어내야만 한다는 사실을 알게 되었다.

*

내 기억 속에 아직까지 남아 있는 또 한 명의 환자는 델리아이다. 그녀는 젊고 아름다운 푸에르토리코 출신의 여성으로, 약간 방랑기가 있는 듯한 얼굴은 언제나 생기가 넘쳤고, 미소 지을 때면 짙은 갈색 눈동자가 반짝이곤 했다. 그녀가 처음으로 나에게 진찰을 받으러 왔을 때, 그녀는 임신 10주였고 복부 경련과 간헐적인 자궁 내 출혈이 있었다. 임신은 처음인데다가, 특히 5년 동안 사귄 아기 아빠가 4주 전에 총에 맞아 죽었다면서, 그녀는 혹시 아기를 낳을 수 없게 되는 것은 아닌지 이만저만 걱정하는 것이 아니었다. 나는 그녀에게 집에서 몸조리를 잘 하라고 말하고 며칠 동안 전화상으로 진찰을 했다(다행히도 대부분의 다른 환자들과는 달리 델리아에게는 안정된 아파트가 있었고, 수입 수준도 전화를 유지할 정도는 되었다). 길고도 지루했던 일주일이 지날 무렵에는 복부 경련도 차츰 가라앉고 자궁 내 출혈도 멈추었다. 몸무게도 늘기 시작했고, 임신 18주에는 초음파로 아기의 심장 박동 소리를 들을 수 있었다.

델리아는 임신하기 두 달 전에 받은 HIV 검사에서 양성 판정을 받은 상태였지만, 아기를 낳는 데 지장이 있을 만한 일은 전혀 일어나지 않았다. 출혈 소동이 지나가고 난 후로는 임신 기간 내내 정말 잘해 주었고, 그녀 스스로도 자신의 상태를 뿌듯하게 생각했다. 델리아는 비슷한 시기에 임신을 한 카르멘, 그리고 몇 번이나 아기를 낳아본 경

힘이 있는 메갈리와 친하게 지냈다. 메갈리는 카르멘, 델리아 두 사람에게 좋은 언니 노릇을 해주었다. 에이즈에 걸린 임산부를 위해 후원 단체를 만들면 어떻겠느냐며 들떠 이야기하다 깔깔거리던 어느 날을 기억하고 있다. 나는 마치 고등학교 선생님이 되어서, 내가 제일 좋아하는 여학생 세 명으로부터 졸업 댄스파티 때 무엇을 하기로 했는지 조잘대는 이야기를 듣고 있는 것 같은 기분이 들었다. 다른 한편으로는 인생의 억눌림에서 잠시나마 벗어난 듯한 그들의 모습에, 또 서로를 친자매처럼 다정스럽게 돌봐 주는 모습에 나는 감동하지 않을 수 없었다.

델리아는 임신 초기에 있었던 출혈을 제외하면 별다른 문제없이 예정일에 정상 몸무게의 건강한 남자 아이를 낳았다. 그녀는 아기 이름을 아기 아버지의 이름인 미구엘을 따서 마이클이라고 지었다. 아이를 낳고도 델리아는 아기가 HIV에 감염된 것은 아닌지, 마이클의 HIV 항체 검사 결과가 양성에서 음성으로 바뀌어 나오기를 기다리며 몇 달 동안 몹시 초조해했다. 결과를 기다리는 이 시간을 더욱 힘들게 만든 일도 있었다. 델리아가 출산한 후, 정맥 주사용 마약 중독자였던 델리아의 친어머니가 40대 후반의 나이에 에이즈로 앓다가 죽은 것이다. 마이클은 정상적인 발달 과정을 거치며 성장했고, 몸무게도 꾸준히 늘어 신생아의 정상 발달 기준치에 미달되거나 하는 일은 없었다. 반대로 아기를 낳은 후 델리아의 건강은 점점 나빠지고 있었다. 엄마에게서 빠져나온 에너지가 아기의 생명을 채우는, 생명

에너지의 변환이나 전달 과정을 보는 것만 같았다. 델리아
는 점점 허약해져서 기운을 잃었고, 결국 박테리아성 폐렴
에 걸려 입원했다.

18개월이 되었을 때, 우리는 마이클이 HIV에 감염되지
않았다고 확신했다. 생후 9개월 이후부터 아기의 HIV 항체
검사 결과는 계속 음성으로 나타났고, 다른 혈액 검사 결과
도 모두 정상이었으며, 성장과 발달 과정도 정상적이었다.
그렇지만 그동안 델리아 자신은 점점 시들어갔고, 아무래
도 아기의 두 번째 생일을 볼 수는 없을 것 같았다. 우리 진
료소의 의료진과 사회 봉사자들이 함께한 사례 발표회에
서 델리아가 죽고 나면 아이의 양육 문제를 어떻게 할 것인
지 물어보았던 적이 있다. 모두들 얼굴빛이 어두워졌다. 우
리는 아무런 대책도 세울 수가 없었다. 회의를 하는 동안
나는 내가 부모 잃은 아이들의 양부모가 되어 그 아이들을
키우겠다고 외치고 싶은 강한 충동을 느꼈다. 물론 합리적
으로 생각해 보면 불가능한 일이었다. 내가 생각해 봐도 그
것은 전혀 온당치 않은 생각이었다. 하지만 그렇게 하고 싶
다는 충동은 조금도 줄어들지 않았다. 다행히도 그 순간 나
는 충동을 잘 억제하고 있었다. 그날 밤, 나는 아내에게 내
생각을 간단히 말했다. 그녀는 냉정함을 유지하면서 말했
다. "뭐라고요? 당신 제정신이에요?" 사실 나는 아이의 양
부모가 될 수 있는 형편인지 아닌지에 대해서는 조금도 생
각해 보지 않은 상태였다. 그 당시 나에게는 한 살배기와
세 살배기 딸이 있었고, 우리 부부는 둘 다 직장에 다니고

있었다. 더군다나 나는 야근을 하거나 출장이나 다른 일로
집을 비우는 날이 대부분이었다. 그밖에도 우리가 마이크
의 양부모가 될 수 없는 이유는 수천 가지는 더 있었다. 그
래도 나는 그 불행한 소년의 아버지가 되어 주고 싶었다.

다행히도 2주일쯤 후에 델리아는 나에게 자기 아버지
에 대한 이야기를 꺼냈다. 최근 몇 년 동안 그녀가 가깝게
지냈던 유일한 사람인 아버지는 산후안에 살고 있는데, 아
버지는 물론 새어머니까지도 델리아와 델리아의 아기를
돌봐 주겠다고 했다는 것이다. 이것은 전혀 예상치 못했던
뜻밖의 해결책이었다. 나는 그녀의 아버지가 갑자기 등장
해서 이 어려운 일을 해결해 준 것이 너무나 기뻤고 또 마
음이 놓였다. 그러나 다른 한편으로, 내가 마이클을 돌봐
주지 못한다는 사실에 대해 슬픔과 실망 또한 맛보아야 했
다. 그 생각이 그리 온당하다고는 할 수 없다 해도 말이다.
내 삶에서는 존재하지 않았던 아버지에 대한 그리움이 무
의식적으로 그 아이를 보살피겠다는 갈망으로 전이되었던
것 같다. 그녀 자신은 모르겠지만, 델리아가 바로 그런 뼈
아픈 필요성을 깨닫게 해주었던 것이다.

*

자봉을 처음 만났을 때, 나는 왕족이라는 게 이런 사람들이
아닐까 하는 느낌을 받았다. 그는 누더기 옷을 걸치고 지하
도에서 살아가는 부랑자였지만, 어쩐지 엉겁결에 왕국을

뛰쳐나와 거리를 헤매는 아프리카 왕자처럼 보였다. 그는 190cm의 큰 키에 밤색 피부, 그리고 튀어나온 광대뼈가 인상적인 얼굴이었다(언젠가 그는 자기 할머니가 순수 혈통의 체로키 족[22]이라고 말한 적이 있다). 자봉은 HIV에 감염되어 있었지만, 그것보다 더 심각한 문제는 그가 마약에 중독되어 마약을 찾아 헤매느라 직장과 집은 물론이고 가정마저 잃었다는 사실이다. 물론 그의 생활환경은 이미 한계에 다다른 상태였다. 자봉은 지난 수년간 정맥 주사용 마약을 사용하기는 했지만, 크랙이 거리를 강타하기 전까지는 5년 동안 약을 끊은 경험도 있었다. 대부분의 환자들이 그런 것처럼, 급속도로 크랙에 중독되어 가던 자봉 역시 크랙 남용으로 인한 신경과민이나 불면증, 연이어 떠오르는 생각들, 온몸이 꽁꽁 묶여 있는 듯한 느낌 등 유쾌할 리 없는 증상들을 경험하게 되었고, 이러한 증상들을 가라앉히기 위해 헤로인을 사용하면서 결국 헤로인에 중독되고 말았다.

크랙 중독으로 생활이 엉망진창이 되어도 자기가 마약을 사용했다는 사실을 절대 시인하지 않는 대부분의 환자들과는 달리 자봉은 자기가 마약에 중독되어 있다는 사실을 언제나 정직하게 받아들였다. 자봉은 진료소에서 자기가 빠져들었던 환각 파티와 마약을 통제할 수 없는 자신의 무력감에 대해 이야기하곤 했다. 그때의 그의 말투는 윌리엄 버로우즈가 『벌거벗은 점심A Naked Lunch』에서 아편 중독자인 고참자 탕헤르가 주사바늘 찌를 자리를 찾기 위해 주사바늘 자국으로 딱딱해진 흉터투성이 팔을 들여다

보는 것을 경마에서 전망이 어떨지 가늠하는 전문 말 장사
꾼의 눈빛으로 묘사할 때 사용했던 것과 같은 딱딱하고 열
의 없는 말투였다. 그러나 자봉이 마약 복용 사실을 솔직히
시인하고 코카인 중독을 치료하기 위한 처방을 기꺼이 받
아들였음에도 불구하고 효과적인 치료 방법은 없었다.

1986년, 크랙이 출현하자 우리 진료소가 있는 사우스
브롱스 지역에는 새로운 절망이 자리 잡았다. 크랙 출현 몇
개월 만에 우리 프로그램의 의료진과 환자 모두 이 새로운
마약을 심각하게 받아들이게 되었다. 그 약은 우리가 전에
알고 있던 그 어떤 것과도 달랐다. 고순도의 헤로인이나 합
성 펜타닐의 경우처럼, 예상보다 거리에 많이 퍼져 나간다
는 식으로 말할 수 있을 만큼 간단한 문제가 아니었다. 이
것은 새롭고 강력한, 그리고 도저히 통제할 수 없는 그 무
엇이었다. 나는 늙은 "헤로인쟁이"들에게서 이 새로운 마
약이 어떻게 "심장을 집어 삼키는가"에 대한 무시무시한
이야기들을 듣게 되었다. "헤로인쟁이"는 우리 진료소의
나이든 마약 중독 환자들이 자기들을 부를 때 쓰는 표현이
었는데, 그들조차 그렇게 강렬한 경험은 처음이라고 했다.
헤로인을 끊으려고 아파트 지하실에서, 교도소 안에서, 또
는 길거리에서 수도 없이 노력해 온 이 나이 많은 중독자들
은, 크랙을 시작하면 결코 벗어날 수 없다고 입을 모아 말
하면서, 이 새로운 약이 어떤 방법으로 사람을 옭아매는지
를 자세하게 설명해 주었다.

아무리 중증 중독자라고 해도 보통 하루에 네 번 이상

사용하지 않는 헤로인과는 달리 코카인, 특히 크랙을 쓰는 사람들은 약효가 떨어지기 전에 마약을 찾다보니 하루에 스무 번 또는 그 이상을 맞으러 환각 파티에 가곤 했다(그들은 환각 파티에 가는 것을 "임무 중"이라고 한다). 헤로인 중독자들에게 하루에 약을 몇 번이나 맞았느냐고 물어보면 즉시 대답이 나오는 데 반해, 똑같은 질문을 코카인 중독자에게 하면 그들은 양쪽 손가락을 하나씩 꼽아가며 숫자를 세다가는 이내 셈을 잊어버리곤 한다. 화학적 성질은 같지만 크랙은 코로 들이마시는 분말형 코카인과는 전혀 다른 세계를 열어 보임으로써, 맨해튼의 급속한 변화와 과도한 소비 경향과 함께, 1980년대의 경제 부흥기를 표현하는 상징적인 단어가 되었다. 크랙 소비량이 엄청나게 늘어났음은 더 말할 필요도 없다. 스튜디오 54나 시내 중심가의 화려한 호텔 그리고 월스트리트의 활동적인 정장족들이 아니라, 크랙은 벌레 먹은 것 같은 크랙 하우스[크랙 중독자들이 모이는 곳]와 변두리 세입자 아파트, 흩뿌려진 유리조각들로 뒤덮인 세계를 구축하고 있었다. 크랙을 구하기 위해 부모들이 자기 자식을 팔거나 길거리에 내다버리기도 하는 세계였다. 그리고 그곳에서 크랙과 에이즈는 걸어 다니는 시체 군단을 만들어 내는 강력한 팀이었다.

에이즈 바이러스가 마약 중독자들 사이에서 퍼져나가는 무서운 속도는 담배로 피우는 코카인의 생리학적인 효능에 비교될 만한 것이었다. 연기로 흡입한 마약이 폐를 통해 뇌로 전달되는 시간은, 팔뚝의 말초 정맥에 주사한 마약이 뇌로 전달되는 시간보다 훨씬 짧다. 마약의 효과가 얼마나 좋은가를 결정하는 요소 중의 하나는 바로 "속도"의 빠르기이다. 새로 나타난 이 약은 그 효과가 "프리베이스"[23]보다 확실하다는 보고도 있었다. 당시 이 프리베이스에 희생된 대표적 인물이 바로 리처드 프라이어[24]였다.

사실 브롱스 거리에서 크랙이 판을 치게 된 것은 마케팅의 성과이기도 했다. 이 약은 다른 마약보다 값도 싸고 (한 병에 5달러) 사용도 간편하며 효과도 빨랐기 때문에, 이 약을 구하기 위해서라면 무슨 짓이라도 할 사람들을 양산해 냈다. 이 새로운 상품이 미치는 효능과 파장을 증명이라도 하듯, 우리 진료소 주변은 순식간에 어지럽게 흩어진 작은 플라스틱 약병들과 밝은 색깔의 병뚜껑들로 뒤덮였다. 마치 거친 파도에 밀려온 파편들로 뒤덮인 바닷가처럼 말이다.

이런 현상을 지켜보던 일부 사람들은 크랙의 출현으로 주사기 사용이 감소된다면 마약 복용자들 사이에서 HIV 전염 위험성을 낮추는 결과가 되지 않겠느냐는 이야기를 냉소적인 말투로 내뱉기도 했다. 그러나 불행히도 두 가지 요인에 힘입어 현실은 그 반대가 되었다. 첫 번째는 크랙 복용자들 사이에서 성관계를 통한 HIV 전염 가능성이 증가했기 때문이다. 크랙은 헤로인보다 더 강한 흥분 상태를 만들어 주지만 그 흥분은 환각 파티 현장에서 거의 다 사라져 버리기 때문에, 매춘을 해서라도 약값을 벌고자 하는 젊은 여성들이 사용하게 되었던 것이다(우리 진료소 부근의 크랙 하우스 바깥쪽에 세워 두었던 내 차를 향해 아직 열일곱 살도 안 된 것 같은 소녀가 비틀거리며 다가오더니, 1달러만 주면 내가 원하는 건 뭐든지 해주겠다고 한 적도 있었다). HIV 감염이 늘어난 두 번째 이유는, 주체할 수 없는 크랙 남용이 헤로인 주사 사용을 증가시켰다는 사실이다. 자봉의 경우처럼, 많은 사람들이 코카인 흡입으로 인해 발생하는 폭발적인 감정을 진정시키기 위해 다시 헤로인을 주사했던 것이다.

자봉 같은 사람이 크랙을 일정 기간 동안 자제할 수 있는 유일한 길은 무임승차처럼 사소한 경범죄로 체포되어 라이커스 아일랜드(뉴욕 시의 유치장으로 매년 120,000명 이상이 수감된다)에 수감되는 것이다. 역설적이게도 자봉은 크랙 사용을 중단한 지 얼마 되지 않았을 때 의료 보장 카드가 없어서 일부러 체포되려 했던 적이 있다고 한다. 유치장에 수감되어 있으면 라이커스 공공 의료 시설에서 AZT 혜택을 받을 수 있다는 것을 알고 있었던 것이다. (라이커스 공공 의료 시설 역시 몬트피오르 병원에서 운영했는데, 내 친구들 중에도 그 병원의 메사돈 프로그램 파트에 참여한 사람들이 있었다. 나는 그 친구들과 가끔 만나 메사돈 프로그램과 유치장을 왔다 갔다 하는 환자들, 속칭 "단골 고객"들에 대해 상의했다. 그 결과, 요양소와 병원이 상호 협조 체제로 나이 든 환자들을 효율적으로 관리하는 것처럼, 우리도 협조 체제를 통해 정밀 검사를 이중으로 하는 일이 없도록 하기로 협의했다.)

자봉이 길거리에서 부랑인 보호소로, 부랑인 보호소에서 교도소로의 쳇바퀴 도는 것 같은 인생을 멈추게 된 것은 허드슨 강가의 웨스트사이드 고속도로 바로 옆 그리니치 빌리지의 크리스토퍼 거리에 있는 재활의 집 '베일리 하우스'에 입주하는 행운을 얻으면서부터였다. 베일리 하우스는 에이즈 환자를 위한 주거지로 꾸며졌는데, 지역 동성애자 모임의 아낌없는 지원과 사랑으로 유지되고 있었다. 각방의 내부는 가구와 소품들로 예쁘게 꾸며져 있으며, 건물 구석구석은 그 지역 화훼 재배자들이 보내 온 싱싱한 꽃들로 장식되어 있었다. 또 건물 옥상의 테라스에서는 여름에 입주자들이 바비큐 파티를 할 수도 있었고, 저녁이면 테라스 벤치에 앉아서 강물 위로 떠다니는 보트와 허드슨 강 건너 뉴저지의 황홀한 불빛들을 바라볼 수도 있었다. 자봉은 가끔 내게 자기가 벌써 천당에 와 있는 것은 아닐까 생각한다는 농담을 던지곤 했다. 자봉은 난생 처음으로 자기 방과 자기 전화를 갖게 되었고, 하루 세 끼를 꼭꼭 챙겨 먹을 수 있었으며, 교도소나 부랑인 보호소가 아닌 곳에서 따뜻하게 지낼 수 있었다. 적어도 몇 년 동안의 기억을 더듬어 보면 처음이었다.

만약 크랙을 계속 사용했다면 경멸했을 것이 분명한 이런 생활 방식을 통해, 그리고 강력한 의지를 발휘해 자봉은 모든 종류의 마약 복용을 중단했다. 그리고 익명이 보장되는 마약 중독자 모임에 매일 나가기 시작했다. 그러는 동안 그에게 병세가 나타났다. 처음에는 결핵이었다. 거리를 떠돌 때거나 감옥에 있을 때 감염된 것 같았다. 그런 다음 근육과 허벅지 주변으로 번진 극심한 조직 감염으로 거의 한 달 동안을 입원해 있었다. 이런 일을 겪으면서도 그는 맑은 정신을 유지했다. 그는 마약 중독을 이겨냈기 때문에 이 새로운 병도 이겨낼 수 있다는 자신감에 차 있었다. 에이즈로 육체는 점점 쇠약해지고 있었지만, 몇 달 후 자봉은 퇴원해서 베일리 하우스로 돌아갔다. 책임감 있는 한 사람의 성인으로서 이 세상을 살아가는 것이 얼마나 기쁜 일인지를 다시 알게 되었다고 내게 말했다. 그리고 그것을 알자마자 죽어야만 한다는 것이 아쉬울 뿐이라고 했다.

언젠가 자봉이 말끔히 단장을 하고 필라델피아에서 고모와 함께 살고 있는 16살 된 외아들, 먼로를 만나고 돌아온 적이 있었다. 나는 나중에 먼로가 아버지의 병문안을 왔을 때, 누구라도 알아볼 수 있을 만큼 닮은 외모와 두 사람 사이에 흐르는 끈끈한 유대를 보며 엄청난 충격을 받았다. 자봉은 죽기 약 6개월 전에 자기가 얼마나 더 살 수 있을 것 같으냐고 나에게 진지하게 물어 왔다. 죽기 전에 아들에게 가르쳐 주어야 할 것이 너무나 많다면서 말이다. 나는 환자들에게 늘 그랬던 것처럼 그에게도 그건 아무도 모르는 일이지만 아마도 6개월에서 1년 사이가 될 것 같다고 대답해 주었다. 그는 안도의 한숨을 내쉬었다. 그러고는 너무 짧으면 어쩌나 하는 생각에 두려웠는데, 그 말을 들으니 한결 마음이 가벼워지는 것 같다고 말했다.

자봉은 자기와 비슷한 시기에 우리 진료소에서 에이즈

판정을 받은 다른 환자들과 친하게 지냈다. 언젠가 건힐에서 가까운 화이트 플레인스 로드 근처 웨스트 인디언에 있는 한 작은 장례식장에서 자봉의 바로 옆에 앉았던 기억이 난다. 그것은 자봉의 친구이자 내 환자였던 캐롤의 장례식이었다. 자봉의 뒤를 따라 캐롤이 누워 있는 관 앞으로 갔을 때, 나는 얼마 후면 자기도 관 속에 누워 있게 될 것을 알고 있는 자봉이 그곳에 서 있기 위해서는 얼마만큼의 용기가 필요한 것인지 깨닫고는 전율을 느꼈다.

그 질문 이후로 자봉은 더 이상 내게 그런 이야기를 하지 않았고, 나 역시 그가 아들에게 들려주고 싶어 했던 이야기를 모두 했는지 묻지 않았다. 그저 죽음의 순간이 닥쳤을 때 그의 얼굴이 너무나 평온했던 것을 보면 그렇게 했던 모양이라고 추측할 수 있을 뿐이었다. 자봉을 보면서 무엇보다 가슴이 찡했던 것은, 그가 아들을 위해 무언가 유산을 남겨야겠다고 생각했다는 점이다. 또 아들에게 성인으로 살아가는 데 있어 필요한 것이 무엇인지, 자기가 아들을 얼마나 사랑하고 있는지를 알려 주겠다고 생각했다는 점이다. 장차 한 인간으로서 세상을 살아나가는 데 필요한 것들이 무엇인지 알려 주기 위해 아버지가 아들에게 전해 주는 그런 이야기들은 나로서는 경험하지 못한 그 무엇이었다. 그것은 무척이나 귀중한 선물일 것이다. 나는 자봉이 자기 아들에 대해서 이야기하는 것을 들을 때마다 나도 그런 선물을 받고 싶다는 생각이 들었다. 그리고 극심한 외로움을 느꼈다. 그때 자봉에게 나의 이런 심정을 전할 수는 없었지

만 말이다. 아니, 어쩌면 나는 그때 그런 심정을 자봉에게
내비쳤는지도 모르겠다. 하여튼 나는 그때 슬픔을 느끼는
한편으로, 그렇게 아들을 사랑하고 걱정해 주는 아버지를
둔 그의 아들을 조금쯤 질투하기도 했다.

*

내가 좋아했던 환자 중 한 사람이었던 베티는 33살의 푸에
르토리코 출신의 여성으로, 처음 만난 것은 메사돈 진료소
에서 워낙 태도상의 문제를 많이 일으키는 바람에 상담원
이 그녀를 메사돈 프로그램에서 제외시키면 어떻겠느냐며
내게 보냈을 때였다. 그녀는 소란스럽고 요구가 많았으며
따지기도 잘 했고, 무엇보다 교묘한 속임수를 잘 썼다. 그
리고 자기는 태풍의 눈 속에 조용히 앉아서 다른 사람들을
오해의 도가니로 몰아넣는 데 선수였다. 우리가 쓰던 표현
을 빌리면 "달걀 거품기"였다. 그녀를 처음 만났을 때 내가
받은 인상은 그녀 역시 재치 있고 농담을 잘 하면서도 의심
이 많고, 무엇보다도 자신의 병과 그 병 때문에 생길 일들
을 두려워한다는 것이었다. 그녀는 11살짜리 딸을 친정어
머니에게 맡겨 놓았는데, 딸아이는 학교에서 사춘기에 저
지르기 쉬운 문제들을 이것저것 일으키고 있었다.

　베티에게는 코카인 사용이라는 새로운 문제도 있었다.
그녀는 메사돈 프로그램에서 쫓겨나면 헤로인 값을 벌기
위해 사우스이스트 브롱스에 있는 헌츠 포인트 터미널 시

장 근처를 배회하는 생활로 되돌아가게 될까봐 걱정하고 있었다. 그녀를 담당했던 상담원과 메사돈 프로그램 행정 관리자를 만나본 후, 우리 두 사람은 거래를 하기로 했다. 다시 말해, 그녀가 해도 되는 행동과 해서는 안 되는 행동을 하나하나 써내려간 계약서를 만든 것이다. 물론 거기에는 그녀가 동의하여 계약 조항을 제대로 지키는 한 치료를 계속 받을 수 있게 해주겠다는 조항이 포함되어 있었다. 또 내가 계속해서 그녀를 담당하기로 결정하였다. 사실, 더 많은 문제가 생기지 않도록 그녀와 얘기를 할 수 있는 의사는 나뿐이었다.

이러한 결정이 그 후 몇 달 동안은 아주 효과적이었다. 베티의 행동은 많이 나아졌고, 소변 검사 결과 코카인 양성 반응도 줄어들었다. 의료진들로부터 터져 나오던 그녀에 대한 불평도 거의 없어졌다. 그러던 어느 날 그녀가 아프기 시작했다. 뉴모시스티스 카리니 폐렴이었다. 지금 이 병은 거의 완전하게 예방이 된다. 그러나 그때만 해도 예방약이 규격화되기 전이었다. 더구나 그 무렵, 뉴모시스티스 카리니 폐렴은 에이즈 환자들을 죽음으로 몰고 가는 가장 흔한 병이었다. 베티는 2주 동안 가벼운 기침을 하면서 조금씩 호흡이 거칠어졌다. 나중에는 자기 집 아파트 계단을 오르는 일도 힘들어했고, 가벼운 집안일을 할 때조차 여러 번 쉬어야 했다. 그녀는 결국 그 병의 전형적인 증상으로 병원에 입원했고, 며칠이 지나자 IV 치료법에 반응하기 시작했다. 하지만 그 무렵부터 베티는 점점 신경질적으로 변해 갔

고, 간호사들이 메사돈에 물을 섞었다든가 자기에게는 메
사돈을 주지 않는다면서 욕을 하기 시작했다. 또는 병원 생
활의 아주 사소한 불편까지 트집을 잡았다. 아프기 전의 베
티가 어떤 성격이었는지 모르는 간호사들은 그녀를 은혜
도 모르는 환자, 입이 거친 마약 중독자로 단정해 버렸고,
병원 관계자들은 싫어하는 환자를 대할 때 종종 써먹는 방
법, 즉 때로는 따뜻하게 대하고 때로는 무섭게 대하는 식으
로 그녀와의 사이에 벽을 쌓기 시작했다.

하지만 의료진들의 그런 태도마저도 그리 오래가지 못
했다. 어느 날 수간호사 한 명이 내게 와서는 병실로 올라
가서 베티에게 말을 좀 해달라고 했다(그 간호사는 베티의
못마땅한 행동이 자기와는 아무 관련이 없다는 것을 강조하
기라도 하듯 이렇게 말했다. "선생님의 환자 말예요"). 베티가
있는 병실로 가기 위해 엘리베이터에서 내리는 순간, 나는
세 명의 병실 담당 간호사들과 마주쳤다. 모두들 환자를 다
루는 데는 이골이 난 간호사들이었다. 그들은 겉으로는 나
를 반갑게 맞아 주면서도, 이렇게 애를 먹이는 환자를 받아
들인 것은 내 잘못이란 듯이 불쾌감을 완전히 감추지는 못
했다.

나는 병원에서의 이러한 반응에는 이미 익숙해져 있었
다. 메사돈 프로그램에서 일하는 햇수가 점점 길어지면서,
나는 "그렇고 그런" 마약 중독자들을 다루는 의사로 찍혀
있었다. 마약 상습 사용자들을 담당하는 의사가 된다는 것
은 사람들이 마약 환자들을 대할 때 던지는 것과 똑같은 부

정적인 시선을 받는다는 것을 의미한다. 내가 병원에 있는 다른 동료 의사들이나 간호사들과 사이좋게 지낸다고 할지라도, 그 사람들 중 일부는 내 환자들처럼 다루기 어렵고 요구 사항이 많은 환자들을 맡고 싶어 하지 않는다는 사실을 나는 알고 있었다. 한 번은 동료 의사 하나가 내게 이런 이야기를 들려준 적도 있다. 병원 의약 관리부 회의를 하는 자리에서 누군가가 전날 밤 응급실에서 일어났던 사건을 이야기했다는 것이다. 취해서 엉망이 된 떠돌이 환자 한 명이 나타나 간호사들한테 행패를 부렸다는 것이 사건의 요지였다. 그러자 어떤 사람이 이런 농담을 해서 모두들 엄청나게 웃었다고 한다. "그 사람, 분명히 피터 셀윈의 환자일 거야!"

내놓고 말하지는 않았지만, 병원에도 인간에 대한 이중 잣대가 존재했다. 메사돈 프로그램에 참여하는 환자들을 검사할 때, 일부러 일정을 까다롭게 잡거나 검사 절차를 복잡하게 해서 환자들을 애먹이기도 하고, 흔치 않은 경우이긴 하지만, 마약 중독자들을 혐오한다고 공공연히 말하거나 최선을 다해 마약 중독자들을 보살필 필요가 없다고 주장하는 사람도 있었다. 진단 방사선과 과장은 자기네 장비가 우리 환자들 때문에 오염될 것 같아서 장비 사용을 허가해 줄 수 없다고 말한 적도 있었다. 물론 기본적으로 전염병에 대한 잘못된 인식 때문이었다. 몇몇 외과 의사들은 에이즈에 걸린 환자의 수술을 거부하기도 했다. 대부분의 경우 이런 편견들은 훨씬 더 조심스럽게 드러나곤 했지만,

우리는 마치 빵 조각을 구걸하는 것 같은 느낌이 들었고, 항상 줄의 맨 끝에 서 있는 기분이었다.

물론 우리 환자들이 병원에서 정한 절차를 따르지 않겠다고 우기거나, 우리가 사정해서 허락을 받은 검사 장소에 나타나지 않는 일도 많았다. 그것은 에이즈 환자에 대한 병원 직원들의 편견을 더욱 강화시켜 줄 뿐이었다. 환자들이 그럴 때마다 우리는 구석으로 내몰리는 느낌이 들었다. 때로는 이런 일도 있었다. 내가 전에 수련의로 있었던 가족 건강 센터의 직원을 감언이설로 꼬드겨, 메사돈 프로그램에 참여하고 있는 내 환자들 중 임신한 여성들의 초음파 사진을 가족 건강 센터에서 찍으려고 할 때였다. 그때만 해도 가족 건강 센터가 그 지역 사회의 에이즈 치료를 위한 주요 거점이 되기 전이었고, 직원들도 에이즈에 걸린 마약 중독자들을 별로 상대한 적이 없었기 때문에 환자들을 세심히 돌보는 편이었다. 결국 가족 건강 센터 측은 초음파 사진을 찍어도 좋다고 허가해 주었다. 그런데 내가 사진을 찍으라고 보냈던 최초의 환자들 중 한 명(마르타, 이미 앞에서 소개한 바 있다)이 검사실 서랍에 들어 있던 지갑을 훔친 사건이 일어났던 것이다.

수간호사가 베티에게 이야기를 좀 해달라고 부탁했던 그날, 나는 복도 끝에 있는 1인용 격리실로 갔다. 그곳에 과격한 행동 때문에 격리된 베티가 있었다. 병실 문을 열자 침대 머리맡에 놓인 테이블의 서랍이 바닥에 나뒹굴고, 속에 들어 있던 물건들은 산산이 흩어져 있는 것이 보였다.

병원복은 병실 바닥에 내동댕이쳐져 있었다. 베티는 마치 삼지창을 꼬나 잡은 넵튠[그리스 로마 신화에 나오는 바다의 신]처럼 링거 주사용 스탠드를 잡고 침대 옆에 서 있었다. 여차하면 나도 공격할 것 같은 기세였다.

나는 병실 안으로 걸어 들어가 그녀에게 침대 위에 앉아도 되겠느냐고 물었다. 그녀는 한 5분쯤에 걸쳐 담당 간호사들이 얼마나 불친절한지에 대해 시시콜콜 불평을 늘어놓았다("도대체 제 시간에 메사돈을 받아본 적이 없어요. 게다가 메사돈에 이상한 걸 타서 묽게 만들어 버린다고요. 아무리 불러도 오지도 않는데다가 음식은 꼭 독을 넣은 것 같은 맛이 나요. 그리고 나한테 무슨 빌어먹을 짓을 하고 있는지 말해 주는 인간도 하나 없고…"). 처음에는 그녀의 말을 멈추게 하고, 그녀가 하는 이 모든 말들이 사실이 아니라거나 병원 특유의 수수께끼 같은 논리로 설명해 주고 싶은 충동을 느꼈다. 그러나 나는 그냥 가만히 앉아서 그녀가 말하는 것을 듣기만 했다. 말을 마친 그녀는 내가 어떤 반응을 보일지 궁금하다는 듯이 야릇한 눈빛으로 나를 바라보았다. 나는 그녀를 다시 한 번 쳐다보곤 고개를 끄덕여 주었다. 그리고 그녀가 계속 이야기하길 기다렸다.

베티는 크리넥스 티슈 상자를 방 한구석으로 집어던지면서, 더러운 마약 중독자 취급받는 것도 이젠 지겹다고 소리쳤다. 나는 다시 한 번 고개를 끄덕였다. 그러자 그녀는 이번에는 병실 밖 복도를 향해 식사 쟁반을 집어던졌다. 그릇들이 바닥에 부딪히는 소리가 났다. 바닥 타일 위에 쏟아진 오렌지 주스가 천천히 원을 그리며 번져 갔다. 나는 아무 말 없이 앉아 가만히 지켜보고만 있었다.

마침내 그녀가 불평할 내용도 동이 나자 나는 조용히 말했다. "만약 내가 뉴모시스티스 카리니 폐렴으로 진단을 받고 얼마나 더 살 수 있을까 걱정해야 하는 입장이라면, 나 역시 무척 화가 날 것 같아요." 베티는 내 얼굴을 들여다보더니 갑자기 울기 시작했다. 한 10분 동안을 그렇게 서럽게 우느라 내가 침대 위로 도로 갖다 놓은 크리넥스 티슈를 절반쯤 써버렸다. 울음을 그친 후 그녀는 내 얼굴을 올려다보며 이번에는 진짜로 두려운 것들이 무엇인지 이야기하기 시작했다. 죽어 간다는 것, 딸을 잃게 될 것이라는 사실, 친정 식구들에게 외면당하면 어쩌나 하는 생각들. 나는 그녀가 느끼는 두려움에 대해 잘 알고 있다고, 그리고 함께 그 문제들을 해결해 보자고 말했다. 우리의 이야기는 그런 식으로 30분 정도 더 이어졌다. 우리는 그녀가 조금만 더 예의 바르게 행동한다면 원하는 것을 얼마나 더 많이, 더 쉽게 얻을 수 있을 것인지에 대해서도 이야기했다. 병실을 나오면서, 나는 나를 불렀던 수간호사에게 앞으로는 좀 나아질 것이라고 이야기해 주었다.

베티가 진료 수칙을 어기고 병원 밖으로 나갔다며 증거를 찾겠다고 눈에 불을 켜던 그 간호사들이, 이틀 후에는 베티에게 줄 도넛을 사기 위해 점심시간에 커피숍으로 가는 모습을 볼 수 있었다. 거의 기적이라고 할 만한 변화였다. 그리고 그것은 다른 어떤 경험보다도 나에게 시사하는 바가 많았다. 환자들에게 전문가나 조언자의 역할을 하거나 그들의 구원자가 되려고 하는 것보다 그들의 심정을 충분히 이해하는 사람으로서 그들과 함께 있어 주는 편이 훨씬 더 중요하다는 것을 깨닫게 해주었기 때문이다. 그때 내가 베티의 불평을 그만두게 하거나 그런 행동은 받아들여지지 않는 법이라고 무뚝뚝하게 이야기했다면, 아마도 베티는 더 심하게 문제를 일으키거나 아니면 병원을 떠나 버렸을 것이다. 또는 그녀에게 계속 이런 식으로 행동한다면 더 이상은 도와줄 수 없다고 쉽게 말할 수도 있었다. 그러나 그런 방법들은 베티의 행동을 근본적으로 개선하는 데에는 아무런 도움도 되지 못했을 것이 분명하다. 그리고 만약 그렇게 했다면, 베티의 두려움과 고민은 다른 방식으로 불거져 나왔을 것이 분명하다. 아마도 그리 오래 참지는 못했을 테니까 말이다. 의대 신입생 시절에 한 스승이 들려주셨던 지혜로운 말씀이 생각난다. 하버드 의대의 명예 교수였던 은발의 그 교수님은, 내가 언제나 되새겨보곤 하는, 현명한 충고를 해주셨다. "당장 뭘 할 생각은 하지 마라. 그곳에 앉아만 있어라!"

얼마 후 베티는 폐렴에서 완전히 회복되었고, 치료도 적극적으로 받게 되었다. 브롱스 시내를 돌아다닐 때 그녀가 허리에 차고 있던 작은 가방에는 온갖 약병과 약 먹을 시간이 적힌 시간표, 그리고 다음 약을 언제 먹을지 알려주는 알람시계로 꽉 차 있었다. 병원에서 퇴원하기 전에 어머니에게 자신이 에이즈에 걸렸다는 사실도 이야기했다.

그녀의 어머니는 그녀를 따뜻하게 감싸 안으면서 그녀도 간호해 주고 손녀딸도 보살펴 주겠다고 약속했다. 몸이 회복되면서 베티는 약간은 비뚤어지고 약간은 빈정거리는 것 같은 유머 감각도 되찾았다. 정기 검사를 받으러 왔을 때 응급실의 젊은 인턴이 건강에 이상이 없는지 묻자, 그녀는 "없어, 허니. 에이즈에 걸린 것만 빼면 너무너무 건강해"라고 대답했다. 하루는 짐짓 음흉한 목소리로 내게 이렇게 묻기도 했다. "셀윈 선생님, 어떻게 해서 백인 남자들은 항상 바지 뒤쪽에 망할 자식[25]을 넣고 다니는 것처럼 보일 수 있는 거죠?"

베티와 나는 서로 농담을 주고받는 편한 관계였다. 우리는 진심으로 서로를 좋아했다. 언젠가 한 번은 진료소에서 청진기가 하나 없어졌는데, 환자 중 누군가가 가져갔다는 소문이 돌았다. 베티는 그 사건에 대해서는 아무것도 모른다고 했다. 나는 베티의 말이 사실일 거라고 믿었지만, 그녀는 계속해서 자신의 결백을 주장했다. "하지만 셀윈 선생님, 난 선생님이 날 도둑이라고 생각하는 건 싫어요!" 나는 웃으면서 대답했다. "그렇지만 베티, 난 당신이 도둑이란 걸 알아도, 그래도 여전히 당신을 좋아할 거예요!" 그리고는 그녀를 안아 주었다.

베티의 마지막 투병 생활은 갑작스럽게 시작되었다. 아프기 시작한 지 겨우 일주일 만에 치매 증상을 보이기 시작했고 걷지도 못하게 되었다. 일반적으로 에이즈에 걸리면 에이즈 자체가 유발하는 무통성 치매 증상을 보이지만,

병세가 악화되는 속도로 보아 그녀는 에이즈가 뇌에 감염되어 무통성 치매보다 훨씬 큰 손상을 입히는 진행형 다초점성 뇌백질병증(progressive multifocal leukoencephalopathy, PML)에 걸린 것으로 판단되었다. 그때는 이 병을 치료할 방법이 없었다. 지금도 PML에는 별달리 효과적인 치료 방법이 없다. 다행이라고 할 수 있을지 모르겠지만, PML로 고통 받는 환자들은 오래 사는 경우도 없었다. 내가 마지막으로 본 베티의 모습은, 테디 베어를 옆에 놓고, 무의식적인 경련 때문에 팔 다리가 약간씩 떨리는 상태로 병원 침대에 기대어 있는 모습이었다. 나는 병실로 들어가 그녀의 침대 옆에 앉아서 충동적으로 식판에 있던 음식을 그녀에게 떠먹이기 시작했다.

　　그것이 그 순간 그녀를 위해서 내가 할 수 있는 가장 중요한 일인 것처럼 느껴졌다. 그러면서도 내 동료 중 누군가가 갑자기 들어와 이 광경을 본다면 정말 당황스러울 것이라는 마음에 불안하기도 했다(하지만 단순히 환자에게 음식을 먹여 주는 이러한 행동이 의사들이 해서는 안 되는 일로 보인다는 것도 얼마나 이상한 일인가…). 나는 베티에게 밀로된 크림수프를 떠먹였다. 그녀가 후룩후룩 소리를 내며 열심히 받아먹는 모습을 보니 마치 내 딸을 보는 기분이었다. 나는 집에서 많이 해본 솜씨로 그녀의 입술 밑으로 흘러내린 수프를 숟가락으로 훑어 올리며 닦아 주었다. 그런 다음 그녀 옆에 나란히 앉아서 그녀의 손을 잡고 작별 인사를 한 다음 병실을 떠났다. 다시 한 번 나는 의사로서 내가 베티

에게 해줄 수 있는 일들 중에 다른 어떤 것보다도 중요한
일이 베티와 함께 있어 주는 것임을 깨달았다.

장례식에서, 베티는 새하얀 레이스 드레스를 입고 관
속에 누워 있었다. 마치 천사 같았다. 베티의 딸은 맨 앞줄
에 할머니와 나란히 앉아 있었다. 머리는 뒤로 모아 묶었
고, 다리를 앞뒤로 천천히 흔들 때마다 바닥에 닿을락 말락
하는, 아직은 작고 어린 아이였다. 나는 그 아이를 바라보
면서 베티가 삶에 대한 열망과 열정을 가졌던 것처럼 이 아
이도 그랬으면 좋겠다고 생각했다. 베티는 내게 삶을 끌어
안는다는 것이 무슨 의미인지 가르쳐 준 사람이었다. 그리
고 이 세상에서 우리가 하는 일, 또 우리가 가지고 있는 영
향력이란 것이 결국 우리와 부대끼며 살아가는 사람들에
의해서만 평가될 수 있다는 것을 알게 해준 사람이기도 했
다.

*

나의 환자들 중 다섯 명, 넬슨과 밀라그로스, 델리아, 자봉,
베티의 삶과 죽음에 대한 이야기를 마치자니 수많은 사연,
병과의 투쟁, 그리고 독특한 개성으로 나에게 많은 감명을
주었던 다른 사람들도 생각난다. 그러나 그전까지 어렴풋
이 짐작할 뿐이었던 내 인생의 비밀을 푸는 데 가장 큰 영
향을 미쳤고, 가장 많은 도움을 주었던 사람들은 바로 이
다섯 명이었다. 이 다섯 명의 환자들과 함께 일하는 동안에

는 그들의 삶과 내 삶이 많은 부분 연관되어 있다는 사실을 인식하지 못했다. 그러나 쉬지 않고 나뭇가지를 마찰시키면 언젠가 불이 붙듯이, 그들은 내 마음속에 숨겨진 무엇인가를 계속 뒤흔들어 놓았다.

넬슨, 밀라그로스, 델리아, 자봉, 베티는 각각 그들 나름의 방식으로 나의 아버지, 아버지의 죽음, 그리고 내 인생에 관한 나의 감정과 내 개인사가 얼마나 중요한지를 깨닫게 해주었다. 그들은 내가 내 삶을 되돌아보고 이해하고 다시 경험하는 여행을 떠날 수 있도록, 그리고 결국에는 올바른 곳으로 나아갈 수 있도록 도와주었다. 이들 다섯 명의 환자를 만나기 전의 내 삶은 나 자신도 그 존재를 알지 못했던 공허감이 늘 함께하고 있었다. 그들은 그 공허의 존재를 알려 주었고, 그 빈 공간을 채우기 위한 기나긴 노력을 시작할 수 있도록 도와주었다. 나는 늘 그들에게 감사하고 있다. 나는 환자들에게 진정 도움이 되는 사람이고 또 도움을 주고 있다고 믿었지만, 사실은 그들로부터 더 많은 것들을 되돌려 받았던 그 순간들을 말이다.

나는 또 나의 마약 중독 환자들 모두에게 특별한 빚을 지고 있다고 생각한다. 그들을 통해 중독의 속성과 중독이라는 것이 때로 고통을 덮어 주는 방패막이로 작용한다는 사실을 알 수 있었다. 나는 헤로인 중독자들 틈에서 여러 해를 보내고 나서야 나의 어떤 행동들은 환자들이 헤로인에 중독되어 갈 때와 상당히 비슷하다는 것을 알게 되었다. 다른 사람의 입장이나 다른 일은 염두에 두지 않고 오직 한

가지 일만 한다거나(그들은 마약 주사만 맞고, 나는 일만 한
다), 행동을 할 때에는 강한 희열을 느끼지만 그것이 끝나
면 깊은 좌절감에 빠진다는 점(그들은 환각 파티를 벌이고,
나는 제안 승인서를 쓴다), 완전한 만족감을 얻기 위해서 자
기 자신 밖의 무언가를 끊임없이 갈망한다는 점(그들은 금
단 증상 때문에 헤로인을 구하고, 나는 『뉴잉글랜드 의학 저
널』에 실린 논문을 계속 입수한다), 극한에 선 긴장감을 끊임
없이 갈망한다는 점, 그리고 이런 행동들에 대한 내면의 요
구 자체는 지극히 짧지만 결국은 인생 전체를 좀먹어 들어
간다는 점 등을 보면 말이다.

　　마약 중독자들과 일하면서 나는 인간의 건강을 보살피
는 사람으로서 최악의 두려움, 편견, 무력감을 맛보게 되었
다. 보다 근본적으로는, 그들을 치료하면서 우리들의 행동
이 얼마나 비효율적이고 쓸모없는 것인지를 알 수 있는 기
회와 그런 현실을 인식하고 변화시켜 나갈 수 있는 가능성
에 동시에 맞닥뜨릴 수 있었다. 또 순간적인 희열, 쾌락에
대한 추구, 이기심, 무책임함, 고통을 참지 못하거나 쉽게
분노하는 행동 등, 건강을 돌보는 사람들이 마약 중독자들
을 바라보며 뼛속 깊은 곳에서부터 혐오감을 느끼곤 하는
인간의 원시적인 행동 양식이라는 것이 우리들에게서 잘
드러나지 않는 것은 기나긴 사회화와 훈련 과정을 통해 그
것을 억압하도록 배워 왔기 때문일 뿐이지 누가 뭐라 해도
버릴 수 없는 인간의 본성이라는 사실도 명확하게 알게 되
었다.

의사가 마음만 먹으면 환자들의 마약 남용을 멈추게 할 수 있다고 생각한다면, 그것은 의사들의 오만한 생각일 뿐이다(우리가 항상 하는 생각이지만 말이다). 물론 처음에는, 수십 년은 아니더라도 수년 동안은, 환자가 점점 건강해지고 생물학적으로도 회복해 가는 모습을 볼 수 있다. 그러나 병원이나 응급실에서 근무하는 소위 건강 전문가라는 사람들이 마약을 사용하는 환자들에게 건강에 좋지 않으니까(건강상 큰 문제가 발생한 것은 아니니 아직은 괜찮다고 생각하면서) 마약을 끊으라고 근엄하게 충고했다가, 한 달쯤 후에 그 환자가 마약으로 인한 합병증 때문에 병원에 실려 온 모습을 보면서 어쩔 줄 몰라 우왕좌왕했다는 이야기를 나는 얼마나 많이 들었는지 모른다.

그러나 마약 중독은 상습적인 것이고 이미 조건화된 행동 양상이기 때문에 몸에 좋지 않은 결과를 불러올 것이라는 사실을 알면서도 계속 하게 되는 것이며, 또 거부감, 수치심, 두려움에 의해서, 때로는 육체적인 의존 상태에 의해서 강화된다는 사실을 이해하게 된다면, 마약의 중독성이라는 것이 저절로 사라질 리 없다는 사실을 알 수 있을 것이다. 더불어 의사들에게 이 마약이라는 악마를 쫓아낼 힘 따위는 없으며, 그러니 이 악마를 쫓아내지 못하더라도 그것이 개인의 실패를 뜻하는 것은 아니라는 사실도 깨달을 수 있게 될 것이다. 마약 중독이라는 것은 중독된 사람의 도덕성이나 그 사람에 대해 개인적으로 던질 수 있는 비난의 수준을 훨씬 넘어선 현상이다. 그것을 하나의 병으로 규정하든, 상황 조건으로 규정하든, 혹은 행동 양상의 한 가지로 규정하든 간에 마약 중독자들이 우리의 일을 어렵게 만들기 위해 일부러 마약 중독에 빠져드는 것은 아니라는 말이다. 그리고 무엇보다 중요한 것은, 마약 중독으로부터 벗어나는 길고도 어려운 과정을 환자들 스스로가 시작하지 않는 한 의사의 노력은 아무런 소용도 없다는 사실이다. 그들을 치료하는 사람으로서 우리가 할 수 있는 일은, 환자들 곁에 있어 주고, 그들이 회복되는 것을 지켜보며, 병을 앓고 있는 환자들을 위해 기꺼운 마음으로 동반자가 되어 주고, 섣부른 판단을 유보하는 것뿐이다. 우리에게는 그들을 구원할 힘도 없고, 그들을 비난할 권리도 없다.

자신이 전지전능한 힘을 가졌다는 생각을 빨리 버리는 것이 훌륭한 의사가 되기 위한 첫 단계이다. 치료 결과를 자기 마음대로 조절할 수 있다는 환상, 결국 치료에 성공할 수 있을 것이라는 느낌을 갖고 있거나 그런 힘을 갖고 싶어 하는 것은 진정한 관심을 갖고 환자를 치료하는 데에는 방해가 될 뿐이다. 얼핏 생각하면 내 말을 이해할 수 없을지도 모른다. 하지만 어느 날 갑자기 의사로서 자신의 한계를 필요 이상의 죄책감 따위는 느끼지 않고도 알게 되는 순간이 올 것이다. 그것을 알게 되면, 치료 결과를 조절할 힘이 없어도 환자들을 위해 진짜 좋은 치료자가 될 것이고, 바로 그때 어떤 섣부른 판단이나 비난도 하지 않으면서 환자들을 지원해 주거나 환자들에게 충고를 해줄 수 있게 될 것이다.

에이즈에 감염된 마약 사용자들과 함께한 것도 벌써 15년이 넘었지만, 아직도 이 일에는 새롭게 도전할 부분들이 존재하고 또 그만큼 나에게 만족감을 준다. 앞에서 이야기한 경우들은 물론이고, 하얀 가운을 입은 누군가가 자기에게 난생 처음으로 진정한 관심을 보이고 자신을 소중히 치료해 주고 있다는 믿음의 눈으로 환자들이 나를 바라봐 줄 때에는 무엇인가 특별한 만족감이 느껴진다. 또 마약에 중독된 환자가 회복되는 과정을 지켜보는 것에도 특별한 감동이 있다. 물론 그런 일이 자주 일어나는 것은 아니다. 그러나 그런 일이 일어날 때면, 그들을 담당했다는 사실 자체가, 몇 년씩이나 환자들을 괴롭혀 온 악마를 그들이 스스로 몰아냈다는 사실을 증언하는 특권이 된다. 우리 환자들 대부분은 가난하고 냉대 받으며 사회적으로 뒤쳐진 삶을 살아가고 있다. 하지만 이 모든 장벽을 극복해 내고, 그리고 마약의 중독성마저도 극복해 낼 수 있는 그들의 용기와 결심을 접할 때면, 경이롭기도 하고 내 자신 겸허해지기도 한다. 그리고 바로 이런 순간들이 있기에, 나는 의사가 아닌 다른 일은 상상할 수가 없다.

3. 발굴

1987년 후반, 그러니까 내가 에이즈 환자들을 치료한 지 6년이 넘도록 나는 에이즈가 내게 어떤 의미를 갖는지 알지 못했다. 그저 수많은 환자들의 고통과 죽음에 둘러싸인 채, 특히 나와 환자들 사이에 그어진 연약한 경계선에 둘러싸인 채 점점 에이즈 환자들의 삶 속으로 빠져 들어갔을 뿐이었다. 그때까지 나는 미친 듯이 일했고, 악몽과 불면증에 시달렸으며, 환자들이 살아남게 되면 전지전능한 힘이 있다고 느꼈다가, 의사로서 모든 노력을 기울였음에도 불구하고 환자들이 죽었을 때는 크나큰 상처를 입었다. 어떻게 보면, 나는 감정적으로는 환자들과 거리를 두고 있는 상태였다. 물론 그 거리 뒤로 숨어 버리지만 않는다면, 어느 정도 거리를 유지하는 것이 의사들에게는 바람직한 것도 사실이다. 환자와 적절한 경계를 유지하는 것은 환자를 위해서도 좋은 일이다. 그렇지만 때때로 마음을 닫아 버리는 것과 같은 거리는 부정이나 사회화 또는 전문가적 식견이라는 이름으로 위장된, 아직 해결되지 않은 자신의 감정적 고통의 표시일 수도 있다.

*

1987년, 크리스마스를 며칠 앞둔 어느 날, 나는 맨해튼의 컬럼비아 대학 근처에 있는 세인트 존 대성당에서 열린 한 콘서트에 참석했다. 콘서트가 끝나고 성당을 나오면서 나는 문득 성당 한쪽 벽을 바라보았다. 몇 개의 작은 테이블 위에 촛불이 여러 개 켜져 있었고, 벽에는 하얀색 펼침막이 걸려 있었다. 거기에는 반듯한 글씨로 이렇게 씌어 있었다. "에이즈로 희생된 사람들을 추모하며." 나는 발걸음을 멈추고 그것을 바라보았다. 갑자기, 전에는 생각지도 못했던 방향으로 세상을 인식할 수 있었다. 그 순간 내 마음속에 닫혀 있던 무엇이 하나씩 하나씩 열리는 듯한 느낌이 들었다. 흔들리는 촛불에 죽어 간 환자들의 얼굴이 겹쳐지면서 울음이 터져 나왔다. 그리고 나의 일이 결코 나 자신이나 나의 삶과 무관하지 않다는 것을 깨닫게 되었다.

내 인생에서 가장 소중한 스승의 한 분이신 엘리자베스 퀴블러-로스는 이런 말씀을 하신 적이 있다. "절대 누군가를 위해서는 울지 마라. 단지 너 자신을 위해서만 울어라." 성당에서의 경험 이후 나는 이 말의 의미를 알게 되었다.

1955년 10월 17일, 내가 생후 18개월의 아기였을 때, 나의 아버지가 돌아가셨다. 그때 아버지는 서른다섯이었다. 아버지는 회계사였고, 맨해튼에 있는 한 사무실의 창문에서 떨어져 죽었다 — 이것이 내가 그때까지 아버지에 대해서, 그리고 아버지의 삶과 죽음에 대해서 알고 있는 전부였다. 아버지의 죽음을 둘러싼 심상치 않은 분위기 덕분에 아버지의 죽음은 물론 아버지와 관련된 모든 기억마저 순식간에 우리 집안의 비밀이 되어 버렸다. 누구도 아버지에 대해 말하지 않았고, 말하지도 못하게 했다. 그래서 나는 '이중의 상실'을 경험할 수밖에 없었다. 어쩌면 원래부터 나에게는 아버지라는 존재가 없었던 것이 아닐까 하는 생각까지 했다. 그것은 아마도 우리 식구들은 물론이고 나 역시 아버지의 죽음에 대한 이야기를 꺼내지 않음으로써 아버지의 죽음을 부정하고 회피하는 과정을 너무 많이 거쳐 왔기 때문에 생겨난 믿음이었을 것이다. 내가 6년 동안이나 에이즈와 싸우면서도 아버지에 대한 생각과 나의 직업을 의식적으로 관련시켜 본 적이 없었던 것도 그 때문이었던 것 같다.

어릴 때는 아버지가 어느 날 갑자기 균형 감각을 잃고 창문에서 떨어지는 바람에 죽었다고 믿었다. 그러나 중간중간 끊어진 기억들을 단편적으로나마 재구성해 봤을 때, 아버지는 그런 기상천외한 사건으로 죽은 것이 아니라 자살한 것이 거의 확실했다. 무엇보다 분명한 사실은 아버지가 건물에서 떨어진 것이 아니라 뛰어내렸다는 점이다.

그로부터 삼십 년이 더 지나고, 손쓸 방법도 없이 환자
들이 죽어 나가는 것을 여러 차례 목격한 후에야 나는 한
가지 사실을 깨닫게 되었다. 그동안 나는 내가 태어나서 처
음으로 겪었던, 그리고 내 인생에서 가장 근본적인 상실을
받아들이지 않고 있었다는 사실을 말이다. 특히 성당에서
의 일이 있은 후, 나는 그동안 실패할 것이 뻔한 일에 왜 그
렇게 집착했는지, 죽어가는 환자에게 왜 자꾸만 마음이 끌
렸는지, 환자들을 위해 아무리 최선을 다해 노력해도 내가
한 일에 왜 항상 부족함을 느끼곤 했는지, 그 모든 이유를
순식간에 이해할 수 있게 되었다. 환자들이 죽어 갈 때마
다, 사실 나로서는 어쩔 수 없는 일인데도, 마치 내가 그들
을 죽음으로부터 구해 내지 못한 것처럼 느꼈던 이유도 알
게 되었다.

과거를 받아들이는 과정은 쉽지 않았다. 그러나 내 삶
을 구원할 수 있으리라고, 적어도 그 과정을 통해 35년 동
안 실체도 모른 채 무겁게 짊어지고 다니던 짐을 덜 수 있
으리라고 확신했다. 일단 그 단순하면서도 심오한 연관 관
계를 알게 되자, 오히려 그런 관계를 왜 더 빨리 알아채지
못했는지 놀라울 정도였다.

나는 그동안 얼마나 많은 젊은 아버지들이 죽어 가는
침대머리를 지키고 있었던가. 그들의 인생과 나의 삶이 아
무런 연관도 없다면, 왜 그들의 고통을, 그리고 곧 고아가
되고 말 아이들의 고통을 온몸으로 느끼고 있었단 말인가.
급작스런 아버지의 죽음으로 엉망이 되었을 뿐만 아니라

가족사 그 자체가 불행과 불안의 근원이 되어 버린 집안에서 자란 내가 전공으로 가정의학과를 선택한 것은 또 얼마나 적절한 일인가.

내 어머니는 나를 남부럽지 않게 키우기 위해 지치는 줄 모르고 일하셨다. 지금도 나는 어머니가 단 하나뿐인 나를 구하기 위해서라면 달리는 트럭에라도 주저 없이 뛰어들 분이라고 확신한다. 우리 어머니의 부모님, 특히 외할아버지도 우리 가족의 중요한 구성원이었다. 그러나 아버지에 대한 기억은 무엇 하나 분명한 것이 없었다. 심지어 아버지의 이름만 나와도 불안하고 우울한 분위기가 되고 말았다. 그리고 아버지 쪽 친척들, 그러니까 친할아버지와 친할머니, 두 분의 고모와 고모네 식구들은 아버지의 죽음에 대한 기억을 생생하게 떠올리게 만드는 분들이라서, 우리 어머니는 그분들과 편안한 마음으로 지내기 어려웠을 것이다.

서로 연락을 끊은 지 몇 십 년이 지난 최근에서야 나는 아버지 쪽 친척들과 다시 연락을 하기 시작했다. 어머니와 마찬가지로 아버지 쪽 친척들도 아버지의 죽음에 대해 말하고 싶어 하지 않았다. (물론 지금까지도 그중 몇 분에게는 아버지의 죽음이, 40년이 넘는 세월 동안 그렇게 부정해 왔어도, 사건이 일어났던 바로 그날처럼 분명한 상처로 남아 있었다.)

이런 환경 속에서 자라면서 나는 몇 가지 문제에 대해서는 절대로 물어보면 안 된다는 것을 자연스럽게 알게 되었다. 집안의 비밀은 건드리지 말고 가만히 덮어 두어야 더 큰 고통의 씨앗이 되지 않는다는 것도 알게 되었다. 그러니 내가 에이즈에 걸린 환자들의 삶에 집요하게 관심을 기울이게 된 것도 별로 놀랄 만한 일은 아니다. 넬슨과 그의 아내 그리고 그의 아들이 보여 주었던 이상적인 가족의 모습, 우리 의사들도 도저히 어쩔 수 없었던 밀라그로스의 충동적인 자기 파괴와 결국 구해 낼 수 없었던 그녀의 아기, 버림받을 위기에 처했을 때 부모를 필요로 했던 델리아의 아기, 아들에게 정신적인 유산을 남기려던 자봉의 열렬한 소망, 그리고 어떤 상황에서도 자살 따위는 꿈도 꾸지 않았던 베티가 눈앞에 닥친 죽음을 똑바로 응시하면서 보여 주었던 삶에 대한 강렬한 열망….

이유도 모른 채 무의식적으로 이끌려서 한 것이지만 에이즈와 관련된 일을 하기로 했던 나의 선택은 너무나도 적절한 것이었다. 우리 아버지는 내가 아기였을 때 서른다섯 살의 나이로 돌아가셨지만, 나는 그 일을 하면서 삼십대 초반에 내 아이들의 아버지가 되었다. 그리고 지금은 서른다섯이라는 젊은 나이로 죽어 가는 환자들, 그의 미망인, 또 고아가 되어 버린 아이들에게 둘러싸여 있다. 아마도 나는 아버지를 잃어버린 두 살배기 아이가 할 법한 순진한 생각으로, 내가 환자들을 살려 낸다면 우리 아버지도 살아 돌아올 것이라고 무의식적으로 믿었던 모양이다. 내가 아주 착하게 살거나 전지전능하다고 할 정도의 전문가가 된다면, 아버지를 집으로 돌아오게 만들 수 있거나 아니면 아버지가 스스로 집으로 돌아오고 싶어 할 것이라고 말이다.

　나는 에이즈와 아버지의 죽음 사이에 어떤 관련성이 있는지 조금씩 알게 되었다. 에이즈는 말 그대로 심하게 비난받는 병이다. 에이즈에 걸렸다는 사실만으로도 환자는 남들에게 손가락질 받거나 사회에서 매장되기 십상이다. 자살 역시 남아 있는 가족들에게 강력한 오명의 상징이다. 자살은 "좋은" 집안에서는 결코 일어나지 않는 일이며, 따라서 절대적으로 비밀에 부쳐져야만 하는 것이다. 그래야만 남은 사람들은, 자살할 정도로 치명적인 도덕적 결함이 자신들에게도 있을 것이라는 혐의를 피할 수 있기 때문이다. 비밀은 남은 사람들의 숨겨진 상처를 더욱 깊게 만든다. 겉으로는 모든 것이 정상인 것처럼 보이고, 식구들끼리는 과거에 일어났던 사건에 대해서 어떠한 암시도 하지 않지만, 그럼으로써 그들은 점점 더 고립되어 간다. 외관상 드러나는 이 평온함을 유지하기 위해 살아남은 식구들은 정신적인 에너지를 쏟아 부어야만 하고, 그것은 다시 남겨진 사람들의 몫이 된다. 그렇게 해서 자살은 그들의 문제, 그들의 결점, 그들의 비밀이 되는 것이다. 나는 내 환자들이 그들의 가족과 화해하는 것이 부러웠다. 서로 이해하고, 하고 싶은 말을 하고, 마지막에 서로 손을 잡으며 작별을 고하는 것이 부러웠다. 죽음의 문턱에서 그들은 이런 방법으로 에이즈라는 병의 오명을 극복할 수 있었기 때문이다.

　그러나 자살하는 사람들과 그들의 가족에게는 화해라는 것이 없고, 앞에서 말한 것과 같은 작별이나 임종도 없

다. 자살은 다른 누군가를 다치게 할 의도로 일어나는 것은
아니다. 그러나 에이즈와 달리 자살은, 남은 식구에게는 급
작스런 일로, 가족들에 대한 배신으로, 치밀하게 계획된 사
건으로 여겨진다. 그렇지만 에이즈와 자살은 죽은 자와 산
자 모두가 수치스러움과 불명예, 아무 말도 하지 못할 정도
의 충격을 준다는 점에서 많이 닮아 있다. 그러고 보면 내
가 세상 사람들이 그렇게 혐오하고 공포스럽게 여기는, 죽
어 가는 마약 중독 에이즈 환자들에게 그토록 강하게 이끌
린 것은 얼마나 당연한 일인가. 보이지 않는 곳에 깊숙이
감추어진 우리 집안의 비밀을 끌어내어 이렇게 이야기하
는 것은 또 얼마나 필연적인가.

결혼을 하고 아버지가 된 후, 나는 아이들을 바르게 키우기
위해서는 아버지로서 해야 할 일이 너무나 많고 또 중요하
다는 것을 알게 되었다. 그러면서 나는 아버지의 죽음이 내
게 미친 영향을, 즉 아버지의 부재가 내 마음속에서 얼마나
큰 정신적 공백이 되어 있는지를 깨닫기 시작했다. 언젠가
어머니가 내게 한 말이 떠오른다. 아버지가 돌아가신 후 한
동안 나는 창가에 서서 아버지를 애타게 찾았다고 한다. 그
때는 너무 어려서 아는 말도 거의 없었는데 그렇게 열심히
부르더니, 몇 달이 지나서야 그만두었다는 것이다. 나는 내
아이들과 나의 관계를 생각하며, 창가에서 아버지를 부르
던 어린아이를 상상해 보았다. 그리고 내게는 아버지가 없
다는 사실을 더욱 깊이 절감했다.

내 아이들은 씩씩하고 똑똑하게, 그리고 건강하게 자랐다. 아이들을 키우면서 나는 아이들에게는 축하해 주고 기념해 주어야 할 일들이 얼마나 많은지를 알 수 있었다. 그럴 때마다 내 삶의 중요한 순간들을 나는 아버지의 관심도 받지 못하고 그냥 지내 왔다는 것을 생각했다. 나는 아버지에게 걸음마와 말 몇 마디만을 배웠을 뿐 그 후로는 모든 것을 나 혼자 힘으로 해냈다는 느낌을 갑자기 받았다. 물론 이것은 사실이 아니다. 내게는 어머니와 할아버지, 할머니가 계셨으니까 말이다. 그러나 내가 어린 시절을 어떻게 보냈는지 떠올릴 때면 아버지가 없다는 사실이 더 가슴에 사무쳤다. 글 읽는 법이나 공 던지는 법, 또 자전거와 테니스, 이런 것들을 배울 때 나는 그렇게도 아버지가 보고 싶었다. 아버지와 함께하고 싶었다. 그리고 그렇게 잘 자라 주는 나를 보면서 아버지가 자랑스럽게 여겨 주었으면 싶었다.

동시에, 나는 아버지로서 내 아이들에게 이건 이렇게 하고 저건 저렇게 하는 거라고 가르쳐 줄 때마다 어쩔 수 없는 공허감을 느끼게 되었다. 환자 자봉이 아들이 어떻게 자라 주었으면 좋겠다거나 죽기 전에 아들에게 무엇을 가르쳐 주겠다고 이야기할 때, 어떤 환자가 아이들이 자라나는 모습을 성장 단계별로 비디오테이프에 담아서 라이브러리를 만들어 줄 계획이라고 말하는 것을 들었을 때, 나는 특히 내 속에서 아버지의 부재를 뼈저리게 느꼈다.

세인트 존 성당에서의 그날 이후, 나는 마치 내 속에 숨겨져 있던, 그러나 거기에 있는 줄도 모르고 살았던 우물을 열어본 것 같은 느낌을 받았다. 그리고 그 우물 속에서 수십 년 동안 묻혀 있던 감정들, 생각들, 기억들이 한꺼번에 쏟아져 나오는 기분이었다. 그 후 나는 오랫동안 줄곧 잊고 있었던 이 감정의 세계를 탐험해 왔다. 한 번 열린 우물은 다시 닫을 수 없는 법이다. 내가 닫아 버리고 싶다 할지라도 말이다.

*

나는 아버지의 죽음을 받아들이려면 아버지의 삶을 이해해야 한다고 생각했다. 그래서 나는 아버지에 대해 알고 있는 것이 무엇인지 하나씩 생각해 보았다. 얼핏 들었던 이야기들에 따르면, 아버지는 유머 감각이 뛰어났고 머리가 좋았다. 눈이 나빠서 렌즈가 두꺼운 안경을 썼고, 어릴 때 앓았던 유양돌기염 때문에 청력도 약했다. 우수한 테니스 선수였고 영문학을 아주 좋아했지만, 교사 대신 회계사가 되었다. 가족을 부양하기 위해서였다. 위로 누나, 아래로 여동생이 있는 외아들로 가족들의 사랑을 듬뿍 받고 자랐다. 조부모님은 19세기 말에 미국으로 이주해 온 동유럽 유태인의 물결에 섞여 어릴 때 러시아에서 이민 온 분들이었고, 할아버지 헨리는 뉴욕 외곽 지역에 있는 공장에서 일했다.

아버지는 1920년 1월 15일에 뉴욕에서 태어났다. 원래 이름은 아론 스레브니크였는데, 25살 되던 해에 성을 셀윈으로 바꾸었다. 나는 아버지가 성을 바꾼 것을 자기 이름에 대한 자긍심이 부족했다는 증거로 받아들여야 할지, 아니면 아버지가 어디에도 소속감을 느끼지 못 했다는 것으로 생각해야 할지 늘 궁금했다. 나는 아직도 아버지가 어떻게 셀윈이라는 성을 생각해 냈는지 모른다. 하지만 그것은 동유럽 출신 유태인이 둥지를 벗어나 영국적 귀족 사회로 진출했음을 보여 주기 위한 상징적 행동이었는지도 모른다. 나는 언젠가 에즈라 파운드가 쓴 시, 「휴 셀윈 모벌리에게 To Hugh Selwyn Mauberley」를 마치 누군가가 나에게 보낸 편지라도 되는 듯 한 줄 한 줄 음미하며 읽었던 적도 있다. 물론 그것이 나를 대상으로 쓴 시는 아니지만 말이다.

아버지는 맨해튼의 웨스트사이드에 있는 하렌 고등학교를 졸업하고, 할아버지가 다녔던 시티 칼리지에 들어가 1941년에 졸업했다. 몇 년 뒤 2차 세계대전이 끝나갈 무렵에 어머니를 만났다. 눈이 나빴고 청력도 약했기 때문에 아버지는 군대에 가지 않았다. 두 분은 1946년 센트럴 파크 남쪽에 있는 에섹스 하우스 호텔에서 결혼식을 올렸다. 나의 부모님과("나의 부모님"이라는 표현은 거의 써본 적이 없어서 어색하다) 친가, 외가의 할아버지, 할머니, 이렇게 여섯 분이 함께 부모님의 결혼식 날 센트럴 파크 남쪽 59번가의 돌담길 앞에서 찍은 사진이 한 장 있다. 사진을 찍었던 정확한 위치가 어딘지 찾아보려고 돌담길을 따라 쭉 걸어 본 적도 있다. 돌담을 따라 걸으면서 나의 가장 가까운 혈육들이 모두 함께 모여 있던 그 자리에 나도 있었으면 얼마나 좋았을까 생각했다.

아버지에 대한 이러한 단편적인 정보와 더불어, 나는 어머니와 고모들로부터 아버지가 나를 무척 사랑했으며, 나를 당신의 최고 업적으로 생각했다는 이야기도 들을 수 있었다. 정말로 이해할 수 없는 것은, 어떻게 서른 살이 되도록 아버지가 창문에서 떨어지는 기이한 사건으로 죽은 것이 아니라 스스로 목숨을 끊었을지도 모른다는 생각을 해본 적이 없었을까 하는 것이다. 아버지는 어떻게 그럴 수 있었을까? 아버지는 무슨 생각을 했던 것일까? 우울증이나 다른 병이 있었을까? 아니면 무슨 밝힐 수 없는 비밀이나 재정적인 문제가 있었던 것일까? 혹시 나 때문에? (이 마지막 의문은 매우 강하고 원초적인 것이었는데, 두 살도 채 안 된 아이의 말도 안 되는 생각을 그대로 반영한 것이다.) 내가 이야기를 해본 식구들은 대부분 그 사건은 사고가 아니며, 아버지는 우울증에 걸려 있었을 것이라는 반응들을 보였다. 그러나 그 사건에는 여전히 풀리지 않는 모순점들이 많이 남아 있다. 아직 나는 이 모든 의문점들에 대해 명확한 해답을 얻지 못했고, 앞으로도 그럴지 모른다. 하지만 적어도 지금은 아버지가 단순히 사고로 죽었다는 가족들의 거짓말이나, 더 나아가 아버지가 처음부터 있지도 않았다는 상상을 그대로 받아들이지는 않게 되었다. 대신 그 일들을 있는 그대로 받아들이고, 고통과 불확신 속에서라도 일을 할 수 있게 되었다.

아버지가 돌아가신 지 40년이 훨씬 지난 지금도, 나는

10월의 마지막 날 출근길에 아버지가 키스를 하면서 나를 어떤 눈으로 바라보았는지, 무슨 말을 했는지, 또 무슨 생각을 했는지 알고 싶다. 업무차 출장을 갈 때면 나는 보통 때보다 좀 더 길고 좀 더 다정하게 아이들을 껴안고는, 사랑한다고 그리고 내가 어디에 있건 항상 너희들 곁에 있을 거라고 말해 주곤 한다. 그 마지막 날 아버지는 나를 아기용 침대에서 들어 올리면서, 다시 침대에 내려놓으면서 무슨 말을 했을까? 내가 아버지께 작별 인사를 해본 적이 없어서 아버지가 내게 어떻게 작별 인사를 했는지 상상할 수가 없다.

자주는 아니었지만, 내가 아버지에 대해 물을 때마다 어른들은 아버지가 창문에서 균형을 잃는 바람에 떨어져 죽었고, 그것은 아주 끔찍한 사고였다고 말했다. 그것은 너무나도 기괴한 일이었기 때문에, 나는 그것을 사실이라고 믿었던 것 같다. 아니면 내가 이야기를 꺼낼 때마다 사람들의 표현이나 말투가 달라지는 것을 보면서 아버지 이야기를 꺼내면 안 된다는 것도 알아챘던 것 같다. 어머니가 "너희 아버지"라는 표현을 쓸 때는 약간은 거북하고 못마땅한 말투였는데, 아버지에 대해서 이야기할 때면 어머니는 늘 그런 식이었다. 집안 어디에서도 아버지의 사진은 찾아볼 수 없었다. 아버지가 쓴 편지 한 장도 남아 있지 않았고, 아버지를 추억할 만한 추억거리도 없었다. 무엇과도 바꿀 수 없는, 아버지에 대한 소중한 기억을 간직하게 해줄 만한 것은 정말이지 아무것도 없었다. 어쩌다가 대화중에 "너희

아버지"라는 표현이 튀어나오는 것이 전부였다. 내가 그렇게 철저하게 에이즈에 빠져들었던 것이 조금도 이상할 것은 없다. 에이즈 역시 내 속에 있는 것과 같이, 그 자체가 이미 입을 떡 벌린 상실의 블랙홀이었으니까 말이다.

내가 아버지의 죽음을 받아들이고 그 슬픔을 극복할 수 있도록 도와주지 않은 어머니를 탓하고 싶지는 않다. 아버지가 쓰던 물건들을 하나도 남겨 놓지 않았다고 해서 어머니를 원망하고 싶지도 않다. 어머니는 당신이 해야 할 일을 했다. 바로 이 땅에 남아 살아가는 일이었다. 어머니는 당신의 마음속 깊은 곳에 있는 슬픔 때문에 나에 대한 애정이 식어서는 안 된다고 굳게 믿고 있었고, 또 그렇게 해주셨다. 부모가 되고 나서 나는 그 사실을 더 잘 알게 되었다. 아버지로부터 버림받았다는 고통의 무게도 나를 향한 어머니의 마음을 방해하지는 못했다. 그러나 나는 어머니가 나를 여러 가지 아픔으로부터 보호해 주려고 애쓰기보다는 차라리 어떻게든 아픔을 함께 나누었더라면 더 좋았을 것이라고 생각한다. 그랬더라면 어머니도 나도 과거의 일들을 돌이켜보는 순간이 덜 외로웠을지 모른다. 지나온 날들을 더듬어 보는 것은, 마치 사라지지 않는 구름 속을 한 걸음씩 걷는 것과도 같았다. 뭐라고 분명히 말할 수 없기 때문에 더 불길한 구름 속을 말없이 걷는 그런 느낌 말이다.

어린 시절의 일들 중에서 내가 어머니에게 항상 고맙게 생각하는 것으로, 아직까지도 생생하게 떠오르는 일이

두 가지 있다. 그 일들로 미루어 보아 어머니는 내가 가지
고 있던 아버지에 대한 감정을 굳이 말리거나 고치려고 하
지는 않으셨던 것 같다. 한 가지는 내가 유치원에 다닐 때의
일이다. 같은 반 친구와 나는 신나게 그림을 그리고 있었
다. 여러 가지 색깔의 크레용으로 우리가 그린 것은 빌딩에
서 땅으로 떨어진 나의 아버지였다. 충격을 받은 유치원 선
생님은 즉시 그림을 빼앗고는, 그런 것을 그리는 것은 좋지
않다고, 그리고 다른 행복한 그림을 그려야 한다고 말했다.
집에 돌아와서 어머니에게 그 일을 이야기하자 어머니는
유치원으로 선생님을 찾아갔다. 그러고는 내가 좋아하는
것은 무엇이든 그릴 수 있게 해주라고 했다. 다른 한 가지
는 내가 여섯 살 때의 일이다. 나는 갑자기 아버지가 너무
나 보고 싶다는 강한 열망에 사로잡혔다. 그래서 내 침대
위에서 껑충껑충 뛰면서 "아빠가 오면 좋겠다. 아빠가 돌
아오면 좋겠다"라고 소리를 질렀다. 어머니는 내가 그만둘
때까지 나를 가만히 놔두셨다. 그러고는 아무 말 없이 나를
껴안아 주셨다(아마도 어머니의 이런 조건 없는 사랑의 표현
이, 나중에 베티가 불평불만을 늘어놓았을 때 반응했던 방법
의 전례가 되었을 것이다).

　아버지의 부재가 더 고통스러웠던 것은, 그리고 더 크
게 여겨졌던 것은 나에게는 아버지에 대한 또렷한 기억마
저 없다는 사실 때문이었다. 그래서 나는 아버지가 자살했
다는 사실을 감추고 싶어 한 가족들뿐만 아니라 그렇게 일
찍 이 세상을 떠나 버린 아버지 역시 내 과거를 강탈한 사

람이라고 느꼈다. 어린 시절의 추억거리나 기념품마저도
거의 없었다. 빛바래고 낡은 사진 몇 장과 책표지 안쪽에
아버지의 사인이 되어 있는 두 권의 책(하나는 셰익스피어
의 희곡집이고, 다른 하나는 볼테르의 수필집이다), 어머니가
아버지의 유품이라고 말씀하신 질레트 면도기 정도가 전
부다.

30대가 되고 아버지에 관한 숨겨진 이야기들이 하나씩
밝혀지게 되자, 나는 어머니에게 혹시 아버지의 사진이나
아버지가 쓰시던 물건들을 가지고 계시지나 않은지 물어
보았다. 어머니가 가지고 계신 사진도 몇 장 안 되는 낡은
것들이었다. 하지만 사진과 함께 받은, 옷장 꼭대기에 올려
놓았던 구두 상자 속에는 지갑(지갑 안에는 아버지의 운전
면허증과 세금 전표, 1943년에 발행된 의무 병역 카드 하나가
들어 있었다)과 결혼반지, 빛바랜 가죽 케이스에 들어 있던
철 테 안경이 있었다. 반지에는 경찰서에서 붙인 증명서가
꼬리표처럼 달려 있었기 때문에 나는 이 물건들이 아버지
가 돌아가셨을 때 몸에 지니고 있던 것들이라는 것을 알아
차릴 수 있었다. 나는 얼른 안경을 써보았다. 크기는 내 얼
굴에 맞았지만 렌즈 도수는 전혀 맞지 않았다. 반지는 내
손가락에 딱 맞았다. 나는 호주머니에 아버지의 지갑을 넣
고 잠시 집 주변을 걸어 다니면서 어떤 특별한 감정이 느껴
지지 않을까 기대했지만, 아무 일도 일어나지 않았다. 나는
아직도 그것들을 나무 상자에 넣어서 보관하고 있는데, 아
버지를 기억할 수 있는 작은 물건들을 가지게 된 것에 감사

하고 있다. 아니, 실은 그렇게 감사하지 않으면, 내가 아버지의 물건들을 더 많이 가지는 것이 당연하지 않은가 하는, 다소 슬프고 기만당한 것 같은 느낌을 가질 것 같아서 그렇다.

*

나는 죽어가는 부모들이 아이들에게 자기 모습이 담긴 비디오테이프나 정신적인 유산들을 물려주려고 애쓰는 것을 볼 때마다 그 아이들에게 부러움을 느꼈다고 말한 적이 있다. 어떤 순간을 포착해서 그것을 비디오로 찍어 둘 수 있다는 것은 정말 놀라운 일이다. 이런 일은 비디오가 나오기 전까지는 상상도 할 수 없었던 일이다. 내가 어렸을 적에는 "홈 무비"라는 것이 있었다. 그것을 영사기로 돌리면 벽에 가물가물하는 화면이 영사되었다. 홈 무비는 대개 몇 분 안 팎이었는데, 화면에는 주로 카메라를 무척 의식하면서 웃는 얼굴로 손을 흔드는 사람들이 등장한다. 그 웃는 얼굴은 카메라를 향해 무어라고 열심히 말을 하지만 소리는 들리지 않는다. 이런 영상이라도 보기 위해서는 영사기를 설치해 놓고, 테이프를 끼워 넣어야 한다. 그러면 영사기가 돌아가면서 스크린에 초읽기를 하는 것처럼 5 - 4 - 3 - 2 - 1 하고 숫자가 나타난다. 그리고 내용이 시작되는 것이다. 영사된 화면에 나타나는 것은 실제보다 훨씬 더 옛날처럼 보였고, 또 현실에서 훨씬 더 멀리 떨어져 있는 것처럼 보였다.

그에 비해 요즘에는 이것저것 생각할 필요도 없이 캠코더에 테이프만 넣으면 생활의 가장 일상적인 부분까지도 금방 찍을 수 있고, 즉시 VCR로 되감아서 방금 찍은 장면을 그대로 다시 볼 수도 있다. 과거로 너무도 쉽게 되돌아갈 수 있게 해준다는 점에서 캠코더는 나를 놀라게 만드는 것이기도 하다.

내가 어렸을 때는 과거라는 것을 현재에 온전히 그리고 쉽게 재생할 수 있는 것이 아니라 지나가 버리면 끝인 것으로 생각했다. 〈스타트렉〉이라는 영화에서는 멸종을 앞둔 어떤 종족이 언젠가 자신들의 행성을 지나갈지도 모르는 미래의 우주 여행자에게 영상 메시지를 남기는 장면이 나온다. 그것처럼 우리의 아들, 손자, 증손자, 고손자에게 대대로 물려줄 테이프에 목소리와 얼굴을 담아서 녹화해 두면, 그들은 우리를 마치 바로 옆에 있는 듯 느끼지 않을까? ("안녕, 애들아. 나는 50년 전에 죽었다만, 너희들이 혹시라도 고조할아버지인 나에 대해서 궁금해 할지도 모른다고 생각했단다. 즐거운 하루가 되길….")

별로 놀랄 만한 일도 아니지만, 내게는 아버지의 모습이 담긴 비디오는 고사하고 홈 무비조차 없다. 그래서 아버지의 목소리를 들을 수도, 아버지의 움직임을 볼 수도 없다. 또다시 약간 억울한 듯한 느낌이 들기는 하지만 그렇게 섭섭하지는 않다. 비디오로 아버지의 모습을 보고 아버지의 목소리를 듣게 되면, 아버지가 없다는 사실이 더욱 뼈저리게 느껴질 것이라고, 또는 아버지가 자살하겠다고 결심한 사실이 더욱더 이해하기 힘들어졌을 것이라고 생각하기 때문이다. 비디오로 아버지가 말하고, 웃고, 어린 나와 놀아 주는 것을 보게 된다면, 그런 모습들은 아버지의 죽음이 몰고 온 여러 가지 결과와 당신이 죽음을 선택한 미스터리를 더욱 받아들이기 힘든 것으로 만들었을 것이다. 아버지에 대한 나의 추억은, 그런 것이 있다면 결국 상상 속에서만 존재할 뿐이겠지만, 그렇다고 해서 꼭 나쁜 것만은 아니다.

*

내가 나의 과거를 되돌아보고 과거의 상처를 극복할 수 있었던 것은 환자들과 함께 생활하면서 얻은 통찰력 때문이었다. 또 나 스스로 풀리지 않는 고통과 슬픔에 맞서려고 노력했기 때문이기도 하다. 고통과 슬픔을 해결하려는 내 자신의 노력을 하늘이 돕고자 했는지, 나는 1989년 4월 엘리자베스 퀴블러-로스 센터에서 주관하는 한 워크숍에 참가하는 행운을 얻을 수 있었다.

나는 의대 1학년 초부터 엘리자베스의 저작과 강의를 알고 있었다. 의대에서 그녀가 행했던 죽음과 임종에 대한 강연을 들은 적이 있었기 때문이다. 사실 그녀의 강의를 듣던 어느 날, 계단식 대형 강의실 뒤에 앉아서 앞쪽 연단에 서 있는 그녀의 말에 귀를 기울이고 있을 때, 나는 처음으로 아버지의 죽음 때문에 풀리지 않는 슬픔을 가득 지닌 어른 모습의 나를 느낄 수 있었다. 한 청중이 엘리자베스에게 자살에 대해 질문하자, 그녀는 자살하는 사람들은 죽음의 순간까지 사랑으로 둘러싸여 있다고 대답했다. 이유를 알 수는 없었지만, 그 순간 갑자기 내 속에 있던 무엇이 자기 를 감추고 있던 자물쇠를 풀고 열리는 것 같은 느낌을 받았 다. 슬픔의 파도가 나를 덮쳐 왔다. 나는 울기 시작했다. 마 치 전에는 한 번도 그렇게 울어 본 적이 없는 사람처럼 30 분 정도를 큰소리로 울어댔다. 다행히도 나중에 나의 아내 가 된 낸시가 내 곁에 있었는데, 그녀는 내가 실컷 울도록 나를 가만히 내버려두었다. 마침내 나는 울음을 그치고 눈 물을 글썽이며 낸시에게 말했다. "나도 그를 따라 죽고 싶 었어." 왜 그런 말을 했는지는 나도 모른다. 강의가 끝난 후, 나는 엘리자베스에게 무슨 일이 있었는지 이야기하고 싶어서 강의실 앞으로 걸어 내려갔다. 엘리자베스는, 뺨은 눈물로 범벅이 되고 눈은 온통 벌겋게 된 내 얼굴을 한 번 쳐다보더니 탁한 스위스 식 억양으로 이렇게 말했다. "내 워크숍에 한 번 참석해 보세요." 나는 그녀에게 감사 인사 를 했고, 우리는 강의실을 나왔다. 그리고 한결 나아진 기 분으로, 거리낌 없이 울고, 독특한 방법으로 아버지의 존재 를 느끼면서, 그리고 어린아이였을 때의 내 모습을 상상해 보기도 하고, 그동안 까맣게 잊고 있었던 것들을 기억해 내 기도 하면서 그렇게 그날 하루를 보냈다.

그런 일이 있고 10년도 더 지난 후에야 나는 엘리자베 스의 워크숍에 참여하게 되었다. 선명하고 밝은 빛줄기가 나타났다가도 이내 어둠에 덮여 버리는 스크린처럼, 내 마음이 쳐둔 견고한 방어막은 엘리자베스의 강연에서 받은 강렬한 느낌과 기억을 덮어 버렸던 것이다. 적어도 1987년, 세인트 존 성당에서 그 느낌들이 다시 쏟아져 나오기 전까지는 그랬다. 몇 달 후 나는 버지니아 주에 있는 엘리자베스 퀴블러-로스 센터에서 병으로 인해 생명을 위협받고 있는 사람들이나 그들을 돌보는 일을 하는 사람들을 위한 워크숍을 주관한다는 사실을 알게 되었다. "삶, 죽음 그리고 변화"라는 주제로 일주일 동안 진행되는 그 워크숍은, 팸플릿에 따르면, 참석자들의 풀리지 않는 문제를 해결하기 위해 5일 동안 집약적이고도 실험적인 내용으로 이루어져 있다고 했다.

나는 퀴블러-로스 센터에서 운영하는 1일 워크숍에 센터 측 의료 요원의 자격으로 두 번 참석했다. 그러나 아직은 적당한 때가 아니라는 핑계로 본격적인 워크숍에는 참여하지 않았다. 결국 2년 후인 1989년 봄에야 나는 5일짜리 워크숍에 정식으로 등록하게 되었다. 나는 등록을 하면서 워크숍에서 환자들을 치료하는 데 도움이 될 만한 새로운 정보를 얻게 될지도 모른다는 생각도 했다. 하지만 워크숍이 열리는 뉴욕 외곽의 로클랜드 카운티에 있는 한 종교 수련 센터에 도착하자마자 나는 그 워크숍이 환자를 치료하는 것과는 전혀 무관하며, 전적으로 나를 치료하기 위한 것이라는 사실을 깨닫게 되었다.

화창한 4월의 어느 날 아침, 나는 자동차로 태펀 지 브리지를 건너 로클랜드 카운티까지 고속도로를 달려갔다. 나는 워크숍에서 무슨 일이 벌어질지 모른다는 불안감과 기대감으로 가득 차 있었다. 워크숍에 참여하는 것은 마치 오랜 시간 떠나 있던 집으로 돌아가는 것 같은 느낌이었다.

워크숍 운영진들은 참여자들을 모아 놓고, 참여자들이 가슴속에 남아 있는 고통과 비애, 끝나지 않은 감정적 문제들에 접근하기 위해 자신의 필요에 따라 모인 것인지를 확인했다. 그리고 워크숍은 안전한 장소에서 무조건적인 사랑 안에서 이루어지며, 인간을 심판하기 위한 것이 절대 아니라고 강조했다. 진행자들의 지도와 그룹 활동, 그리고 "외적 표현"이라는 강력한 방법을 통해 참가자들은 그동안 표출하지 못했던 두려움이나 슬픔, 분노, 죄책감, 사랑 같은 감정들을 마음 놓고 풀어 놓으면서 조금씩 마음의 짐을 덜게 되었다. 이 워크숍과 그 다음에 참여한 워크숍들에서, 나는 숨 쉬는 법을 다시 배우는 놀라운 경험도 했다. 나는 첫 워크숍 이후의 모든 활동에서 언제나 이 작업이 보여 주는 진실과 능력, 안전, 치유 능력에 압도당했다. (나는 처음에는 특별 워크숍에 참여했고, 다음에는 센터의 훈련 과정에 참여했으며, 그런 다음 1995년에 센터가 문을 닫을 때까지 센터의 운영진으로 활동했다.)

서로에 대한 비밀이 완벽하게 보장되고 모든 것이 받아들여지는 환경 속에서 서로가 서로를 수용하는 그룹 활동을 하는 동안, 워크숍 참여자들은 서로를 그 누구보다도 가깝게 느끼게 되었다. 전에 한 번도 본 적이 없고, 이름만

밝혔을 뿐 성도 모르는 사람들인데도 말이다. 워크숍을 통해 나는 내가 가지고 있는 아픔이나 개인사뿐만 아니라 모든 인간이 가지고 있는 경험과 요구, 열망에 존재하는 심오한 공통점까지도 더 잘 알게 되었다. 각자가 처한 환경이나 구체적인 고민 내용은 달랐지만, 한 꺼풀 벗겨 보면, 우리들은 모두 상실의 역사나 해결되지 않은 분노와 비애, 가족의 비밀, 또는 그 밖의 풀리지 않은 감정들이 마음속에 남아 있어 그 마음의 짐을 제대로 벗어 놓지 못하고 있는 인간들이었다.

워크숍 과정이 "지금 여기의" 문제들을 해결해 주는 것은 아니다. 단지 참석자들이 가지고 있는 과거에 대한 인식과 미래에 대한 전망을 바꿀 수 있도록 실마리를 제공해 줄 뿐이다. 참가자들이 스스로 자기 문제의 해결 방법을 찾아내서 일상생활에서 행할 수 있도록 도와주는 것이다. 워크숍을 진행하는 사람들인 촉진자들은 이 워크숍이 심리 치료이자 개인의 성장 작업을 보완해 주는 것이지 그것들을 대신하는 것은 아니라는 사실을 항상 강조했다. 그러나 내가 그랬듯이 다른 많은 사람들도 워크숍을 통해 그전에는 이해하지 못했던 것을 이해하게 되었고, 고통에서 벗어날 수 있었다.

내가 처음으로 참여했던 1989년의 워크숍은 마침 내 서른다섯 번째 생일과 겹쳐 있었다. 서른다섯은 나의 아버지가 돌아가셨을 때의 나이이기도 했다. 내면의 감정을 외부로 표출하는 간단한 방법을 통해, 그리고 우리를 애정 어린 눈빛으로 주의 깊게 지켜봐 주는 촉진자의 존재를 통해 나는 처음으로 나에게 아버지가 없다는 사실을 의식적으로 자각하게 되었다. 내가 어린 시절 내내 지니고 있었던 버림받았다는 느낌, 아버지가 죽은 것이 나 때문은 아닐까 하는 두려움 때문에 생긴 죄의식, 나를 남겨 놓고 떠나 버린 아버지에 대한 분노, 다시는 아버지를 볼 수도 없고 내가 이룩해 놓은 것들을 아버지에게 보여 줄 수도 없다는 슬픔, 아버지가 나를 자랑스럽게 여기게 할 수 없다는 실망감, 그리고 마지막으로 아직도 남아 있는 아버지에 대한 감정 이입과 사랑, 아버지가 자살했다는 사실의 수용과 아버지의 고통이 줄어들었으면 하는 마음 등을 표출하면서 말이다.

한쪽에는 촉진자가 앉아 있고, 약간 떨어진 곳에는 다른 참석자들이 바라보고 있는 매트리스 위에 앉아서, 나는 자신의 내면으로 들어가 자기의 고통과 상실감을 다시 불러오는 법을 배웠다. 나의 내면에서 표출된 감정들은 내가 처음으로 그러한 감정을 느꼈던 날처럼 생생하고 쓰라린 것이었다. 나는 고무호스와 전화번호부(화가 날 때 호스로 책을 두들기기 위해), 베개(꼭 껴안기 위해), 그리고 수건(심리적 안정이 필요할 때 촉진자에게 의지하기 위해)을 써가면서 평생 한 번도 표출해 보지 못했던 감정들을 끄집어내어 풀어놓았다. 나는 그런 감정들을 표현하면서, 때로는 아버지에게 말을 걸기도 하고, 때로는 버림받은 어린 소년과 말하기도 하고, 때로는 나의 어머니나 내 아이들에게 이야기하기도 했다. 전에는 한 번도 해보지 못한 말들이었다. 눈물을 너무 흘린 탓에 어쩌면 눈물이 영영 그치지 않을 것 같다고 생각한 적도 있었다. 내가 감정 표출을 접어둔 때는 다른 참가자들이 자신의 아픔에 대해서 이야기할 때뿐이었다.

그것이 워크숍의 좋은 점이었다. 서로에 대해 전혀 모른 채 참석했지만 우리 모두는 안락하고 호의적인 분위기 속에서 서로를 이해하게 되었다. 그리고 지고 있던 고통의 무게를 덜게 되었다. 그전까지는 혼자서 엄청난 고독과 슬픔을 느껴 왔지만, 인간적인 경험을 공유함으로써 서로가 얼마나 긴밀하게 연관되어 있는지를 깨닫게 되었다. 나는 감히 이 워크숍이 나를 변화시킨 내 인생 최대의 경험이었다고 말할 수 있다. 그 과정을 거치지 않았다면, 나는 지금처럼 살 수는 없었을 것이다.

그런 한편, 나는 의사로서의 일이 내 생활에서 너무 큰 부분을 차지하고 있다는 사실을 깨닫게 되었다. 일거리가 늘어나기만 하는 연구 프로그램, 치료 불가능한 환자들을 어떻게든 살려야 한다는 강박관념이 나를 아내와 아이들로부터 점점 더 멀어지게 만들었다. 방법은 다르지만 아버지와 마찬가지로 나도 아이들을 팽개쳐 두고 있다는 사실도 깨달았다. 아버지가 훨씬 더 극적이고 난폭한 방법으로 나를 버리기는 했지만, 내가 일에 매달려 아이들을 버린 것도 잠재적으로는 아이들에게 똑같이 나쁜 영향을 미칠 수 있었다. 그때 갑자기 나는 그동안 너무 많은 일과 출장 스케줄 때문에 집에 있을 수 없었다는 것을 알게 되었다. 내

가 지나치게 일에 빠져 있었던 것은 아내 낸시와 아이들로
부터 안전하고 지적인 거리를 유지하기 위해서였다고 나
자신을 합리화시켜 보기도 했다. 하지만 내가 아무리 사랑
하는 존재라 해도 언제든 내 곁을 떠날 수 있으며, 나는 그
상황을 전혀 막아 낼 수 없다는 무의식적인 두려움 때문이
라는 사실을 알 수 있었다. 나는 그동안 자신의 감정적 요
구가 무엇인지도 모른 채 사랑하는 사람들로부터 상처 입
을 것이 두려워서 내 직업을 도피처로 만들고 있었다는 사
실을 깨닫게 해준 이 세상에 감사했다. 그리고 나 자신과
나를 둘러싼 모든 것들을 더 많이 파괴하기 전에 그런 행동
을 그만둘 수 있게 된 것에도 감사했다. 이 워크숍은 나에
게 집으로 돌아갈 계기를 마련해 주었던 것이다.

언젠가 나는 엘리자베스에게 무언가 잘못된 것은 아닌
지 물어본 적이 있다. 마음의 고통이 어느 정도 사라진 것
같다고 생각하면서 다시 워크숍에 참여했는데도 나에게는
여전히 아버지 때문에 흘릴 눈물이 더 남아 있는 것 같았기
때문이다. 엘리자베스는 웃으면서 앞으로도 눈물이 멈추
지 않을 것처럼 생각될 때가 있겠지만, 결국에는 눈물이 마
를 날이 올 것이라고 했다. 그리고 지금은 오히려 더 많이
펑펑 울어야 한다고 말했다. 또 그녀는 자식이 살해당한 부
모의 심정과 부모가 자살한 아이의 심정을 비교하면서, 부
모가 자살한 아이가 느끼는 슬픔은 세상에서 가장 큰 슬픔
중의 하나이기 때문이라는 말도 덧붙였다. 그리고 지금은
마치 나의 전부를 차지하고 있는 것처럼 느껴지는 고통도

결국은 줄어들어 삶에 큰 영향을 미치지 않을 정도가 될 것
이라고 했다.

　고통은 결코 사라지지 않는다는 엘리자베스의 말이 오
히려 내게는 위안이 되었다. 아버지나 아버지에 대한 기억
을 전혀 떠올리지 않는 편이 오히려 나의 상실감을 더 크게
만든다고 느끼고 있었기 때문이다. 그때 이후 많은 환자 가
족들을 보면서, 아직도 내 마음의 일부는 아버지의 죽음으
로 인한 고통에 매달려 있다는 사실을 알게 되었다. 내 마
음속에 남아 있는 아버지는 고통이 전부였기 때문이다. 마
침내, 나는 고통으로부터 완전히 벗어날 수는 없으며, 한
번 시작된 고통은 흔적으로 남게 된다는 것을, 그리고 그
흔적은 자기 자신과 다른 사람을 치유하고 도와주는 힘의
근원이 될 수도 있다는 것을 깨달았다.

　나는 내게 남아 있는 상처의 흔적이 환자들의 고통을
들여다볼 수 있는 창문이며, 그들과 나를 끈끈하게 연결해
주는 끈의 역할을 하고 있다는 것을 알게 되었다. 그러니까
나의 상흔이야말로 그들에게 공감하고, 그들에게 봉사하
며, 그들과 관계를 맺고, 그들을 사랑하게 하는 근원인 것
이다. 시인 로버트 블라이[1]가 "상처"를 겪는다고 표현했던
것처럼, 고통과 두려움을 겪어 내는 것만이 그것을 벗어나
기 위한 유일한 방법이며, 상처를 치유하는 유일한 길이었
다. 결과적으로 마음의 짐을 벗어 놓기 위해서는 블랙홀 속
으로 들어가는 과정이 필요했다. 블랙홀, 그것은 내 마음속
에 죽은 듯이 가라앉아 있었던 것이며, 내가 무의식중에 한

평생 짊어지고 다니던 것이었다. 그러고 나서야 나는 마음을 열기 시작했다.

*

나는 워크숍을 통해 나의 과거와 아무런 관계도 없는 것처럼 보였던 심각한 문제들도 해결할 수 있었다. 30대 초반, 그러니까 딸아이가 태어난 지 얼마 되지 않았을 때부터 나는 이상한 공포, 특히 아래로 떨어져 내리거나 어딘가에 갇혀 있는 것 같은 공포에 시달리기 시작했다. 그전에는 한 번도 그런 적이 없었는데, 갑자기 그런 증상이 생긴 후로는 일에 지장을 느낄 정도가 되었다. 예를 들면, 직장에서 회의를 하다가도 공포감에 숨이 막힐 정도였다. 여행 중에는 더 심해졌다. 몇 번인가 비행기를 타고 가다 극심한 공포에 시달리기도 했다. 오래 계속되는 것은 아니었지만, 그래도 숨이 막히고 진정이 안 되면서 갑자기 심장이 멎어 버릴 것 같은 공포감은 영원히 끝나지 않을 것처럼 느껴지곤 했다. 때로는 아주 높은 곳에서 땅으로 추락하는 내 모습이 보이기도 했다. 이러한 증상들이 아버지의 죽음과 관계되어 있다는 것은 워크숍을 하는 동안 순간적으로 깨닫게 된 사실이었다. 내가 그때까지 품고 있던 아버지의 죽음에 대한 두려움, 또 아버지가 죽을 당시의 상황, 그러니까 높은 곳에서 갑자기 균형을 잃고 떨어진 것에 대한 두려움이 그런 식으로 나타났던 것이다.

이런 사실을 깨닫고 나자 그런 지독한 공포감은 사라지기 시작했다. 공포감이 밀려올 거라는 예감이 들 때면 내가 왜 이러는 것인지 냉철히 생각해 보고 나 스스로에게 현실로 돌아오라고 말해 주었다. 몇 달 후 그런 증상은 완전히 사라졌다.

처음으로 이 관계를 깨닫게 되었던 워크숍에서, 나는 매트리스 위에 앉아서 내 자신을 독수리 등 위에 올라탄 어린아이처럼 상상하면서 내 문제에 대한 이야기를 끝마쳤다. 두 눈에 눈물이 고인 채, 나는 아무런 두려움도 없이 독수리의 등에 올라앉아 자유롭게 날고 있는 붉은 머리칼의 소년을 상상해 보았다. 그것이 바로 나였다. 그러고는 더 이상 추락을 두려워하지 않게 되었다. 워크숍의 촉진자이자 내 친구 중 한 사람은 나중에 그림 한 점을 선물해 주었다. 둥근 모양의 가죽 위에 그린 유화였는데, 독수리 등에 올라탄 꼬마가 푸른 하늘을 나는 모습이 그려져 있었다. 그리고 "독수리와 함께 날아가는 법을 기억하는 피터에게"라는 글이 새겨져 있었다. 그 그림은 지금도 내 침대 머리맡에 걸려 있다.

마지막 워크숍에서 나는 내가 해야 할 일이 또 하나 있음을 깨닫게 되었다. 워크숍이 시작되기 전에 열린 모임에서, 걸음마 단계에 있는 아기에게는 부모로부터 떨어진다는 것이 큰 충격이기 때문에 내가 아버지의 죽음에 대한 책임감을 느껴 왔고, 또 아버지와 함께 나도 죽었다는 생각을 혹은 몇 년 전 엘리자베스의 강의를 듣고 나서 낸시에게 무심코 말했던 것처럼 아버지와 함께 죽고 싶었다는 생각을 하게 된 것 같다고 촉진자가 말했다(이 이야기를 하려니까 내 환자였던 밀라그로스와 불쌍한 그녀의 아기가 다시 떠오른다). 실제로 나는 나의 내면에서 떨쳐 버리고 나서야 완전히 깨달을 수 있었던 죽어 버린 나, 즉 죽음의 무게라는 것을 조금씩 느끼기 시작한 참이었다. 워크숍 프로그램 중의 하나인 외적 표현 시간에 나는 아버지로부터 나 자신을 떼어 낼 수 있었다. 그때 나는 아버지가 돌아가셨다고 생각되는 그 순간을 상상하면서, 생후 18개월짜리 아이의 심정이 되어 아버지가 돌아가신 바로 그 창문가로 소리쳐 울면서 다가가는 장면을 상상해 보았다. 실제로는 그곳에 없었지만 말이다. 상상 속에서 창문가로 뛰어간 나는 열려 있는 창문 바로 앞에 멈춰 서서 저 아래로 떨어진 아버지를 내려다볼 뿐 함께 뛰어내리지는 않았다. 그것은 한 편의 이상야릇한 심리극을 보는 것 같은 느낌을 주었다. 그러나 그런 상상을 함으로써 나는 내 육신으로 돌아와 내가 죽지 않았다는 사실을 깨달을 수 있었다. 이 과정을 통해 나는 전에는 할 수 없었던 방식으로 아버지에게 작별을 고할 수 있었고, 죽음의 세계에 빠져 있던 나의 일부를 되찾을 수도 있었다. 또 만약 아버지가 죽음을 선택한 것이라 할지라도, 그 선택이 나 때문은 아니었다는 것을 처음으로 알게 되었다. 그리고 아버지가 돌아가신 것이 나를 사랑하지 않았기 때문은 아니라는 사실도 알게 되었다.

　이러한 상황을 상상이 아닌 현실 세계에서 재현해 본

것은 몇 년 후, 아버지가 죽은 그 장소에 직접 찾아갔을 때, 그때 한 번뿐이었다. 나는 오래된 허물을 벗고 새로운 살이 돋아나는 것 같은 기분으로 워크숍을 끝냈다. 그때 처음으로, 그리고 진정으로, 나의 인생이 뭔가 잘 풀릴 것 같은 기분이 들었다.

그리고 나는 또 나의 삶, 나의 선택, 그리고 지금의 나, 이 모든 것이 나의 아버지가 돌아가셨다는 사실과 결코 분리될 수 없다는 점을 이해하게 되었다. 만약에 아버지가 살아계셨다면 나는 어떤 길로 나아갔을까? 어떤 감성을 지니고 무엇을 열망했을까? 생각해 보기 힘든 일이다. 만일 아버지가 살아계셨더라면, 그런데 내가 아버지를 사랑하면서도 어떻게 해서든 벗어나고 싶어 하는 아들이어서 눈만 뜨면 서로 싸움만 하게 되는 그런 아버지였다면 어땠을까? 만약 갑작스럽게 사라져 버린 신비롭고 미스터리에 둘러싸인 인물이 아니라, 우리 아버지 역시 주위 어디에서나 흔히 볼 수 있는 그런 사람이었다면 나는 아버지를 어떻게 생각했을까? 내가 외아들이 아니었다면 어떻게 되었을까? 나의 아버지가 아버지라는 이름의 권위로 나에게 머리를 자르라고 하거나, 내가 벽마다 사이키델릭한 연예인 사진들을 붙여 놓고 지미 헨드릭스[2]나 도어스[3]의 요란한 음악을 크게 틀어 놓고 듣고 있을 때 소리를 줄이라고 명령하는 그런 사람이었다면, 나의 사춘기 시절은 어떠했을까?

아버지가 살아계셨다면 나는 고통과 상실감을 치유하는 방법을 배울 수 있었을까? 지금 내가 더욱더 성숙해지고 나 자신을 자각할 수 있게 된 것은 아버지의 죽음을 감수하는 과정을 거친 덕분이라고 확신한다. 좋았던 많은 일들을 포함해서, 내 인생에서 일어났던 모든 일들은 아버지가 돌아가셨다는 사실과 절대 별개의 일이 아니다.

*

과거로 거슬러 올라가는 나의 여행은 에이즈 환자들을 돌보면서도 계속되었다. 에이즈와 싸우는 의사라는 직업 덕분에 겪게 되는 수많은 사소한 경험들을 나의 풀리지 않는 문제에 관련시켜 보는 것으로써 그 여행에는 자꾸만 가속도가 붙게 되었다. 더구나 궁극적으로 내 과거를 인식하게 되는 과정은 나의 개인적 삶은 물론이고 내 직업에도 더 유익했다. 아버지의 부재를 내가 인정한 적이 없었다는 것을 알게 되자, 나의 아버지를 위해 그리고 이미 세상을 떠난 나의 모든 환자들을 위해 슬퍼할 수 있게 되었다. 그전에는 한 번도 아버지를 위해 슬퍼해 본 적이 없었는데 말이다. 이런 과정을 거친 후, 나는 환자들을 좀 더 이해할 수 있게 되었고, 그들의 고통과 함께할 수 있게 되었다. 또 벗어날 수 없는 그 무엇으로부터 환자들을 구해 내야 한다는 맹목적인 강박 관념 없이 그들을 도와줄 수 있었고, 그들에게 죽음이 닥쳐올 때면 그들의 믿음을 저버렸다는 자책감 없이도 그들과 함께할 수 있게 되었다.

내가 환자들에게 줄 수 있는 가장 큰 선물은, 병에 걸리고 죽음을 눈앞에 둔 그들에 대해 내가 품고 있는 깊은 연대감을 보여 주는 일이다. 그리고 그렇게 하기 위해서는 먼저 나 자신의 고통과 상실감을 받아들여야 한다는 사실을 알게 되었다. 자신의 고통을 이겨내는 것은 다른 사람들의 고통에 동참할 수 있는 중요한 열쇠가 된다. 이 세상을 살면서 우리가 겪어 온 모든 상실감, 살아남기 위해 벌여 온 모든 투쟁들을 통해, 우리의 삶은 다른 이들과의 훨씬 더 풍부한 감정 이입과 연계의 근원이 된다. 죽음을 인정하고, 죽음을 받아들이고, 그것을 진정 슬퍼하는 것, 이러한 것들이 생명을 위협받는 병에 걸린 사람들과 함께하고자 할 때 먼저 받아들이지 않으면 안 될 조건들이다. 자신의 고통을 인정하고 그것을 직접 겪어 내고 나면, 부정하거나 잊고 지냈다면 도저히 맛볼 수 없었을 기쁨을 경험하면서 마음의 문을 열게 된다.

물론 이것은 인간이라는 존재, 즉 꿈은 무한하지만 그 생명은 유한하며, 역사의 한가운데를 살다 갈 뿐인 존재가 가진 가장 어려운 수수께끼 중 하나이다. 그렇기 때문에 수세기 동안 비극적인 드라마와 문학 작품의 주제가 되어 온 것일 테지만 말이다. 그러나 책이나 세미나에서는 배우지 못했지만 개인적인 경험을 통해 내가 알게 된 것이 있다면, 이러한 역설을 포용하고 어둠 속을 걸어보지 않은 사람은 진정 밝은 빛을 알아볼 수 없다는 사실이다. 10년 전이라면 나는 이런 말들을 바보 같은 소리나 우스갯소리쯤으로 생각했을 것이다. 그러나 지금은 이것이야말로 기본적이고도 강력한 진실이라는 사실을 안다.

내 지난 과거를 에이즈를 안고 살아가는 사람들과 비교하려니 다소 망설여지기는 한다. 그렇지만 몇몇 환자들이 에이즈를 일종의 선물로, 변형된 신의 은총으로 받아들인 것처럼 나도 내 과거에 대해 비슷한 감정을 품고 있다. 에이즈에 걸리고 싶어 하는 사람은 아무도 없을 것이다. 하지만 일단 걸리게 되면 그 병은 그전에는 전혀 경험할 수 없었던 독특한 방식으로 환자들이 자신의 삶을 포용하게 만들어 준다. 마찬가지로, 비록 어릴 때에는 그렇게 생각하지 못했지만, 지금은 아버지가 자살했다는 사실이 나라는 존재에게 결코 빠뜨릴 수 없는 부분이 되어 있다. 그리고 그 사실은 나의 감수성, 통찰력, 정신력의 근원이 되고 있기도 하다. 우리 모두는 세상으로부터 상처를 받는다. 중요한 것은 우리가 받은 상처를 깨닫고 상처를 치료하는 것이다. 남은 흉터를 영광스러운 훈장이라 여기면서 병을 이겨내는 것이다. 죽음의 두려움에 빠져 있는 의사들은 환자에 대해 진정으로 공감하는 대신 동정심, 자포자기, 혐오감 등을 느끼게 되고, 기술적인 측면에만 의지해 환자를 치료하려 함으로써 환자와 분리되는 상태에 이르게 된다. 따라서 의사가 죽음에 대한 두려움을 갖는 것, 또 숨겨진 슬픔을 지니는 것은 환자와 진정한 공감대를 형성하는 데 있어 가장 큰 장애가 된다는 것을 나는 이제야 알 것 같다.

죽음을 낭만적으로 묘사하고 싶지는 않다. 죽어 가는 젊은

이의 비극적 이미지에 빠져들고 싶지도 않다. 그러나 에이즈에 걸린 젊은 아버지가 그 병이 얼마나 빠른 속도로 인간을 파멸시키는지 생각지도 않고, 8살 난 자기 딸의 결혼식장에서 딸과 춤출 수 있을 때까지만 살게 해달라고 신에게 절규하는 소리를 가만히 앉아서 듣고만 있을 수는 없다. 사실 지난 10년 동안 에이즈를 치료하는 의료 기술은 눈부신 발전을 이루어 왔고, 이러한 사실에 의사의 한 사람으로서 큰 위안을 느끼며, 매우 기쁜 것도 사실이다. 의료 기술의 발전은 HIV 치료에 지대한 영향을 끼쳤고, 급성에다가 치사율도 높은 이 병을, 아직 불치의 병이기는 하지만, 좀 더 지연시키고 어느 정도 손을 쓸 수 있는 병으로 만들어 놓았다.

　그렇지만 에이즈 환자들을 치료하던 초기에는 환자들과 나의 관계가 좀 더 단순하고 직접적인 성격을 갖고 있었다. 요즘 같은 치료법이 나오기 전에는 전망은 훨씬 어두웠고, 의사로서 해줄 수 있는 일이라고는 환자들을 지원하고 지켜보며 그들과 병을 함께 나누는 것뿐이었다는 사실을 분명히 알고 있다. 하지만 적어도 의사와 환자가 공존하는 분위기였다는 것은 분명하다. 우리가 그렇게 할 수 있었던 것은, 아니 적어도 그렇게 하고 싶게 만든 근거는 사실 환자를 포기하지 않겠다는 의사로서의 서약과 다른 사람들과 함께 이 길을 걸어오면서 얻은 경험뿐이었다. 하지만 나는 이것이야말로 수세기 동안 지속되어 온 의사와 환자의 관계를 가장 적절하게 표현해 주는 연줄일 것이라고 생각한다. 지난 수십 년의 세월을 거치면서 의료의 전문화, 특화라는 이름 아래, 또 복잡해진 의료 기술 덕분에 의사와 환자 사이가 완전히 갈라지고 왜곡되기 전까지는 말이다.

고맙게도 최근 몇 년 동안 에이즈를 치료하는 의료 기술이 엄청나게 늘어나고 정교해졌다. 그런데 그것이 의료 현장에 빠르게 도입되고 있다는 사실이 어떤 면에서는 오히려 병을 지나치게 의학적으로만 바라보게 하고, 삶과 죽음을 궁극적으로 규정하는 기본적인 역동성을 놓치게 만드는 경향을 초래해 왔다. 정말 아이러니한 일이다. 역설적이지만, 에이즈가 유행하던 초기 몇 년 동안 HIV에 대한 치료법이 절대적으로 부족하다는 사실이 에이즈 환자와 의료인들 사이에 절대적으로 필요한 것은 인간애라는 중요한 인식을 불러일으켰다. 우리는 지금 이러한 인식, 또 이 인식에 따라 얻게 된 자기 겸손과 연대감이라는 열매를 에이즈를 치료하는 기술의 미로에서 잃어버릴 위험에 처해 있다.

미국뿐만 아니라 전 세계적으로도 에이즈가 힘없는 사람들 사이에서 퍼져 나가고 있기 때문에 이러한 인식을 계속 유지해 나가는 것은 중요한 일이다. 2000년 이후가 되면 전 세계 4천만 에이즈 환자의 90%가 개발도상국에 집중될 것이며, 미국의 경우에는 주사 마약 사용자, 매춘부와 그 고객들, 특히 가난한 유색 인종 사람들에게 집중될 것으로 예상된다. 에이즈가 이렇게 늘어날 것으로 생각하는 근거는, HIV 전염병을 치료하는 의료 기술이 계속 개발된다 하더라도 그 혜택을 받아야 하는 사람들의 수가 압도적으로 늘어나게 되면 의료 공백이 생길 수밖에 없다는 점 때문이다.

아무런 도움이 되지 못할 것 같다고 해서 환자들의 삶을 짓누르는 문제들에서 눈을 떼고 의학의 그늘에 숨어서는 안 된다. 지금도 많은 에이즈 치료제가 개발되고 있기 때문에 처방전을 쓰는 일도 앞으로는 점점 더 편해질 것이다. 그 대신 우리는 환자들이 매일매일 얼마나 지독한 고립감을 느끼고 있는지, 사회적으로 얼마나 멸시받고 있는지, 또 얼마나 자주 생존에 위협을 받고 있는지를 생각하지 않으면 안 된다. 그리고 언젠가 우리가 그렇게도 고대해 왔던 에이즈 완치 시대가 온다고 해도 환자에 대한 공감을 상실하거나, 환자를 치료하고 환자와 함께 하겠다는 의지를 잃어서는 안 될 것이다.

*

죽음을 앞둔 사람들이 보통 사람들보다 삶에 대해 더 깊이 생각하고, 때에 따라서는 삶이 영원할 것처럼 하루하루를 무디게 살아가는 건강한 사람들보다 훨씬 더 적극적이며 열성적으로 살아간다는 것이 얼마나 역설적인지 모르겠다. 많은 에이즈 환자들은 에이즈에 걸림으로써 인생사의 자질구레한 고민을 모두 버리고, 대신에 인생에서 가장 중요한 것이 무엇인지 생각할 수 있게 되었다고 이야기한다. 나의 환자였던 자봉은 언젠가 내게 이런 말을 한 적이 있다. "에이즈도 삶입니다. 단지 속도가 조금 빠를 뿐이지요." 이 말은 동료나 가족의 죽음, 성기능을 비롯한 다른 육체적 기능의 상실, 지각이나 기억력의 퇴보, 그리고 나이에 따른 여러 가지 신체적 변화들이 보통 사람들에게는 수십 년에 걸쳐 서서히 일어나는 반면, 에이즈에 걸린 사람에게는 단 몇 주 내지 몇 달 만에 일어난다는 것을 잘 나타내 준다. 또 다른 환자 마틴은 에이즈에 걸림으로써 누가 진정한 친구인지를 알게 되었다고 했다. 그 말에는 약간의 씁쓸함과 자족감이 어려 있었다. 더 나아가, 자봉은 죽음에 직면함으로써 정신적 변화를 경험하게 되었고, 약물을 끊었고, 또 가족과 화해할 수 있게 되었다. 결국 자봉의 말대로, 그는 사는 법을 배우기 위해 죽어야 했다.

그러니까 에이즈 환자와 의사 모두에게 에이즈는 거쳐 가는 것이다. 그것은 단지 병에 대한 두려움과 사람들의 비난을 거쳐 자신의 상처와 무력함을 인정해 가는 과정일 뿐이며, 그럼으로써 우리는 진정 강해질 수 있는 것이다. 이것이 중독 치료 프로그램의 전체 12단계 중에서 가장 중요한 내용이다. 그 12단계의 치료 프로그램에 따르면, 중독을 직시하고 자신의 무력함을 깨닫는 것이 중독을 극복하기 위한 첫 단계라고 한다. 위대한 노동조합 설립자 마더 존스[4]가 "죽은 자를 애도하고 산 자를 위해 맹렬히 싸워라"고 말한 것처럼, 의사니 환자니 억지로 구분하지 말고 우리가 해결해야 하는 삶과 죽음의 과정을 향해 계속 나아가야만 우리는 에이즈를 거쳐 지나갈 수 있는 것이다.

나는 가끔 30대 초반의 어느 여자 환자와 나누었던 마지막 대화를 떠올리곤 한다(편의상 그녀를 마리아라는 이름으로 부르겠다). 마리아는 몇 년째 에이즈를 앓고 있었는데, 생각했던 것보다 훨씬 오랫동안 생존했다. 마리아에게는 6살짜리 딸(역시 편의상 리사라는 이름으로 부르겠다)이 하나 있었는데, 마리아의 몸이 너무나 약해져서 숙모가 돌봐 주고 있었다. 숙모는 마리아가 죽더라도 리사를 돌봐 주겠다고 약속했다. 덕분에 마리아는 걱정을 덜 수 있었다. 하지만 단 하나뿐인 아이를 남겨 두고 떠난다는 죄책감은 오히려 더해 갈 뿐이었다.

사실, 그것이 마리아가 그렇게 오래 살아남을 수 있었던 유일한 이유였다. 마리아는 곧 죽게 될 것임을 알고 있었지만, 그냥 죽을 수는 없었던 것이다. 그 무렵 마리아는 딸 리사가 '엄마는 자기와 함께 놀아 줄 수도 없고 밤에 재워 줄 수도 없다'고 화를 낸다면서 몹시 슬퍼했다. 내가 마리아에게 가장 걱정스러운 것이 무엇이냐고 묻자, 마리아는 자신의 죽음이 딸에 대한 배신이 될까봐, 그리고 엄마가 자신을 사랑하지 않았기 때문에 죽었다고 생각하게 될까봐 두렵다고 했다. 나는 오랫동안 마리아와 이야기를 나누었다. 결국 마리아는 자신이 죽는다는 사실과 자신이 품고 있는 두려움은 전적으로 별개의 것이며, 그녀가 죽더라도 그녀와 딸 사이의 관계를 끊을 수 있는 건 아무것도 없다는 것을 깨닫게 되었다. 나는 마리아에게 그녀가 두려워하는 것을, 그리고 무슨 일이 있어도 딸을 사랑하며 항상 딸의 가슴속에 함께 있을 것이라고 리사에게 말해 주라고 했다. 다음날 마리아는 딸과 함께 하루를 보내면서 딸에게 하고 싶었던 이야기를 모두 해주었다. 그리고 이틀 후 마리아는 집에서 평온하게 숨을 거두었다.

걸으로는 39살의 의사지만 내면은 여전히 아버지와 마지막 대화를 나눠 보지 못한 18개월짜리 아이였던 그 당시의 나에게 그보다 더 슬픈 일은 없었다.

4. 재건

아버지의 40주기 기일이었던 1995년 10월 17일, 나는 아버지가 떨어진, 정확히 말해 아버지가 뛰어내린 맨해튼의 그 빌딩에 가보았다. 아버지의 죽음에 대해 되짚어 보기 시작한 순간부터, 언젠가 한 번은 꼭 아버지가 돌아가신 장소에 가봐야 한다는 것을 직감하고 있었다. 그동안 내게 너무나 많은 심적 부담을 안겨 주었던 그 사건을 어떤 식으로든 마무리 짓기 위해서는, 그리고 나의 기나긴 여정을 끝마치기 위해서는 꼭 그렇게 해야 한다고 생각해 왔던 것이다.

나는 어머니에게 아버지가 돌아가신 시간과 장소에 대해 몇 번이나 물어보았지만, 어머니는 아버지의 죽음과 관련된 어떤 서류도 갖고 있지 않았다. 하는 수 없이 1995년 4월부터 6개월에 걸쳐, 나는 예일 대학의 스털링 도서관에 있는 마이크로필름 자료와 오래된 뉴욕 시의 신문 기사들을 찾아다녔다. 오랫동안 감춰져 있던 비밀에 한 줄기 빛을 비추어 줄 잃어버린 퍼즐 조각 하나를 찾기 위해서였다. 하지만 헛수고였다. 나는 커다란 마이크로필름 화면 앞에 앉아 작고 먼지 쌓인 조그만 카드보드 상자들을 차례로 훑어 가면서, 박스 안에 들어 있는 두꺼운 필름 뭉치들을 기계에 하나씩 집어넣었다. 1955년 10월 17일자부터 차근차근 살펴보면서, 『뉴욕 타임즈』, 『헤럴드 트리뷴』, 『월드 텔리그램 앤드 선』 등을 한 쪽씩 조심스레 읽어 내려갔다.

신문들 속에서 나는 아버지가 돌아가신 그 주의 일기 예보, 그 주에 승리한 풋볼 팀과 경마에서 우승한 말, 그리고 브로드웨이에서 공연된 연극, 그리고 극장에서 상영된 영화 등을 알 수 있었다.

나는 10월 17일 밤, 그러니까 아버지가 두 번 다시는 집으로 돌아와서 TV를 볼 수 없게 된 바로 그날의 TV 프로그램까지 살펴보았다. 내가 알고 있는 정보에 의하면, 아버지는 텔레비전을 즐겨 보신 것 같지는 않지만 말이다. 그날은 〈번스와 앨런〉, 〈리버레이스 쇼〉, 〈가드프리의 탤런트 스카우트〉, 그리고 〈왈가닥 루시〉 같은 프로들이 방영되는 것으로 되어 있었다.

아버지가 돌아가신 다음날에는 어떤 기사들이 실렸는지를 찾아보았다.

월슨, 군비 사찰 후 아이젠하워와 회담
닉슨, 빅 포 회담 낙관
존슨, 남부 연안 56호 제휴 상대 찾아
홍수 끝, 대통령 3개 주에 긴급 구조

이러한 머리기사들을 보면서, 그리고 그 날짜 신문을 꼼꼼히 읽으면서, 아버지의 죽음에 관해 한 줄이라도 기사가 났을까 찾아보았다. 그 다음날, 또 그 다음날의 신문도 계속해서 찾았지만 아무것도 찾을 수 없었다. 마이크로필름 스캐너 앞에 앉아, 나에게는 이렇게도 중요한 이 일이 세상의 다른 사람들에게는 어쩌면 이렇게 주목도 받지 못했을까 생각하니 무척 혼란스러웠다.

내가 아버지에 대해 알아낼 수 있었던 것은 『타임즈』의 10월 19일자 부고란에 실린 조그만 기사가 전부였다.

셀윈 ─ 아론, 1995년 10월 17일 급사. 에이미의 사랑하는 남편이었고 피터의 친애하는 아버지였으며 헌신적인 아들이자 형제였던 이. 개인장.
목요일, 오전 11:30. 브루클린, 오션 파크웨이 1번지, 리버사이드 메모리얼 교회.

이 부고란에서도 아버지에 대한 어떤 실마리도 알아낼 수 없었다.

아버지의 40주기 기일을 한 달쯤 남겨 두고, 어머니는 결국 노란색 반투명 용지로 된 서류 봉투를 꺼내 놓았다. 그 서류에는 아버지의 사고 정황과 함께 아버지의 사망을 조사했던 검사의 증언이 기록되어 있었다. 아버지의 마지막 날의 사건은 다음과 같이 사무적인 어투로 기술되어 있었다.

주위 사람들에 의하면, 그는 평소와 마찬가지로 출근했고 퀸즈에 있는 자동차 판매 회사 회계사로서의 오전 근무를 끝마쳤다. 13시에 사무실을 나섰는데, 나중에 진술한 동료에 따르면, 아들 피터에게 줄 겨울 점퍼를 사러 나갔다고 한다.

그 뒤의 행적은 알 수 없다. 그가 살아 있던 모습은 18시 30분에서 19시 사이, 로어 맨해튼의 브로드 가 30번지에 있는 빌딩의 23층에서 건물을 청소하던 아줌마에 의해 마지막으로 목격되었다. 조사에 의하면, 업무차 그가 그곳에 간 적은 있으나 그날 그 빌딩에 갈 납득할 만한 이유는 없었다. 청소부는 그가 남자 화장실 열쇠를 찾아달라고 두 번 이야기했다고 진술했다(그 남자 화장실에는 창문이 없다). 그리고 오후 7시에서 7시 20분 사이, 그 건물에 인접한 브로드 가 40번지의 빌딩 옥상에서 남자 시체가 발견되었다. (나는 그가 인도로 떨어지지 않아 다행이라고 생각한다.) 그의 철 테 안경은 브로드 가 30번지 빌딩 23층에 있는 한 사무실 창문턱에서 발견되었다.

나는 이것을 읽으면서 언젠가 어머니가 내게 말씀하셨던 것, 즉 그날은 이상하게도 아버지가 금시계를 집에다 풀어 놓고 가셨다는 것을 기억해 냈다. 그 금시계는 나에게 물려주고 싶다는 아버지의 뜻에 따라 특별히 디자인한 것이었다. 서류에 쓰여 있는 바에 의하면, 아버지의 주머니에서 이런 말이 적힌 업무용 명함이 한 장 발견되었다고 한다. "장례식을 치르지 말 것. 화장해 줄 것." 나는 다음과 같이 끝나는 검사의 증언을 읽으면서 몸서리를 쳤다. "몇 년이 지나 이 사건과 그 미스터리가 모두 잊힌다 해도 이 서류에 담긴 내용은 냉엄한 사실이다."

무엇을 찾게 될 것인지 나도 확실히 알 수 없었지만, 일단 시작한 일을 끝내야 한다는 것만은 분명했다. 그래서 나는 다가오는 아버지의 기일에 맨해튼의 그 장소로 가 보기로 했다. 1995년 10월 17일 오후, 나는 주저하면서도 뉴헤이븐을 출발하여 그랜드 센트럴 역으로 가는 기차에 몸을 실었다. 그랜드 센트럴 중심가에서 지하철을 타자 브로드가 30번지의 낡은 빌딩까지는 금방 갈 수 있었다. 노란 벽돌로 되어 있고, 처마 장식이 달린 그 빌딩은 층마다 일렬로 테라스가 있는, 근처에서 가장 오래된 것 같은 건물이었다. 나는 마음을 가라앉히면서 1층부터 23층까지를 속으로 천천히 세어 보았다. 그리고는 빌딩 사진을 몇 장 찍었다. 남들 눈에는 내가 빅애플[뉴욕의 애칭]에 여행 온 기념으로 사진을 찍는 촌스러운 여행객으로 보였을 것이다. 그 빌딩 건너편 브로드 가 40번지에는 좀 더 현대적인 공법으로 지어진 건물이 있었다. 아마 최근에 지은 빌딩인 것 같았다, 나는 브로드 가 40번지에 있는 빌딩 옥상이 30번지의 빌딩보다 겨우 두 층 낮다는 사실을 알아차렸다. 그리고 브로드 가 30번지 빌딩의 길 반대쪽에 있는, 비슷한 높이의 낡고 색 바랜 건물 꼭대기를 바라보았다. 그 건물의 바로 옆 건물의 높이는 10-12층에 불과했다. 내 생각에 그 정도 차이라면 추락사하기에 충분할 것 같았다.

나는 배낭을 고쳐 메면서 마음을 가다듬었다. 그리고는 30번지 빌딩의 로비로 걸어 들어갔다. 입구에 들어서자마자 서부 인디언 계통으로 보이는 보안 경비원이 나를 불러 세우면서 어디 가느냐고 물었다. "어느 사무실에 볼일이 있는 건 아니고, 그냥 23층에서 뭔가 좀 확인하려고요." 이렇게 대답하기는 했지만, 이것이 얼마나 바보스러운 대답인지는 나 자신도 알 수 있었다. 같은 말을 몇 번 반복한 다음에서야, 경비원은 눈썹을 치켜 올리며 되물었다. "무슨 소리요, 뭔가 확인할 게 있다니?" "그러니까, 23층의 한 사무실에서 확인할 게 좀 있다고요." 이 대답에 경비원은 나를 미친 사람이나 그 비슷한 종류일 것이라고 판단했는지, 퉁명스럽게 건물 제일 끝 쪽에 있는 증권 회사 사무실을 가리키면서 거기로 가보라고 했다. "저기 가서 말해 보세요. 저 사람들이 도와줄지도 모르겠소." 경비원이 말한 그 회사는 빌딩의 23층을 전부 사용하고 있었다.

나는 공손히 밖으로 걸어 나와 빌딩 모퉁이를 돌아서 젊은 주식 중개인들이 바쁘게 일하고 있는 사무실로 들어갔다. 그들은 하나같이 기름기 흐르는 얼굴을 하고 있었고, 양복저고리를 벗어둔 채 멜빵을 하고 있었다. 늦은 오후 시간대라 그런지 하얀색 셔츠는 약간씩 구겨져 있었다. 곧 직원 한 명이 다가와서는 도움이 필요한지 물었다. "예, 그래주면 좋겠네요"라고 대답하면서 나는 이야기를 시작했다.

"그러니까, 정말 이상한 부탁인지 모르지만…." 나는 침착하게 내 아버지가 40년 전에 이 빌딩의 23층 사무실에서 떨어져 죽었으며, 그래서 그곳으로 올라가서 그 사건 현장을 보고 싶다고 말했다.

직원은 자신의 몸무게를 한쪽 발에서 다른 쪽 발로 옮겨 실으면서 약간 신경질적으로 웃었다. "잠깐 기다리세요." 그는 불쑥 이렇게 말을 내뱉고는 상사와 의논하기 위해 사무실 안쪽으로 들어갔다. 금방 사무실 부사장이 나왔다. 그도 의심의 눈초리로 나를 바라보기는 마찬가지였고, 먼저 빌딩 관리인에게 이야기를 하고 오라고 했다. 나는 그 부사장에게 세세하게 설명을 해주고 그날의 사건을 기록한 검사의 보고서도 보여 주었다. 그는 머뭇거리면서 그래도 건물 관리인에게 먼저 물어보라고 했다. 결국 내가 23층에 올라가서 5분 동안만 둘러보면 안 되겠냐고 묻자, 그는 어떻게 할까 망설이면서 나를 위아래로 훑어보았다. 그리고 영원히 바뀌지 않을 것 같던 그의 표정이 바뀌었다. 그는 얼굴 표정을 펴고 양복 윗도리를 걸치더니 주변에 서 있던 직원들을 돌아보며 말했다. "잠깐 나갔다 올게." 그리고 내게 이렇게 말했다. "이쪽으로 오십시오. 제가 직접 안내해 드리겠습니다."

우리는 다시 브로드 가 30번지 빌딩의 로비로 들어가 여전히 치켜뜬 눈으로 우리를 바라보던 경비원 앞을 지나쳤다. 엘리베이터에 올라탔을 때, 나는 나를 안내하던 증권회사 부사장에게 다시 한 번 검사의 기록을 보여 주었다.

23층이 가까워지면서 가슴이 두근거리기 시작했다. 엘리베이터에서 내리자 한 층 전부가 하나로 된 커다란 사무실이 나타났다. 빛이 환하게 들어오고 전망이 탁 트인, 그야말로 최신식 증권 중개 사무실이었다. 작은 사무실이 다닥다닥 붙어 있고, 사무실의 우윳빛 유리문에는 손으로 쓴 글자가 적혀 있는, 내가 상상하던 1950년대식의 그런 사무실이 아니었다. 목재로 된 문틀, 대리석을 깐 바닥, 둥근 전등이 길게 늘어뜨려져 있는 홀, 어두운 갈색 복도, 그런 것은 어디에서도 찾아볼 수 없었다. 증권회사 부사장은 사무실을 이리저리 지나 모퉁이에 있는 한 곳으로 나를 데리고 갔다. 두 개의 창문 너머로 브로드 가 40번지가 내려다보이는 곳이었다. 그는 노크도 하지 않고 사무실 문을 열더니 큰 테이블에 앉아서 일을 하고 있던 두 명의 젊은 주식 중개인을 향해 이렇게 말했다. "자아 자, 이봐들, 잠깐 좀 나가줘. 난 5분 동안 좀 할 일이 있으니까." 두 남자가 재빠른 손길로 주섬주섬 서류를 챙겨 두고 나가자 그는 나를 사무실 안으로 안내했다.

나는 창가로 가서 이것저것 유심히 살펴보았다. 창문과 창틀을 손으로 만져 보기도 하고, 그때는 저 빌딩이 몇 층쯤 되었을까를 생각하면서 창밖으로 옆 빌딩의 옥상을 내려다보기도 했다. 나는 창밖을 내다보면서 아버지의 마지막 순간을 상상해 보려고 애썼다. 그리고 저 아래에 있는 건물 옥상으로 추락하는 아버지의 모습을 그려 보려고 노력했다. 유치원 시절, 그림 그리기 시간에 아버지가 빌딩에

서 추락하는 그림을 그리면서 아버지에게 무슨 일이 있었
는지 이해하려고 했던 것을 시작으로 여태껏 나는 얼마나
많이 아버지를 이해하려고 노력해 왔던가를 생각했다. 그
러나 나는 여전히 누구도 대답해 주지 못할 질문들만 하고
있다는 것을 알았다. 아버지는 바닥에 닿기 전에 의식을 잃
었을까? 바닥에 닿는 순간 충격을 느꼈을까? 추락하고 나서
뼈가 부러졌을까? 혹시 떨어졌다 다시 튀어 올랐을까, 아니
면 그저 맥 빠진 지푸라기처럼 픽 쓰러졌을까? 피는 흘렸을
까? 추락하면서 아버지는 도대체 무슨 생각을 했을까?

언젠가 6살 먹은 큰딸과 나누었던 대화가 떠오른다. 나
는 차에 딸아이를 태우고 금융가에서 멀리 떨어진 맨해튼
거리를 달리고 있었다. 딸아이는 태연스럽게 우리가 막 지
나친 건물이 할아버지가 떨어진 건물이 아니냐고 물었다.
그리고는 역시 자연스럽게 이렇게 말했다. "할아버지는 떨
어지실 때 분명 이런 생각을 하고 계셨을 거예요. '너무나
사랑한다, 나의 꼬마야.'"(나의 두 딸은 어렸을 때부터 할아
버지가 빌딩에서 떨어져 돌아가셨다는 사실을 알고 있었다.
지금은 그것이 아마도 자살일 것이라는 사실도 알고 있을 것
이다. 나는 아버지의 죽음을 비밀에 부치는 실수를 하지 않겠
다고 맹세했기 때문이다.)

사고 현장을 살피는 동안 그간 품어 왔던 의문과 반신
반의의 세월이 5분이라는 짧은 시간 안에 눈앞을 스쳐 지
나갔다. 그곳은 너무나 평범하고 너무나 흔해서, 도저히 내
가 상상해 온 극적인 드라마의 무대라고는 생각되지 않았

다. 창문 너머로 보이는 광경을 하나도 빠짐없이 마음속에
새겨 넣은 후, 나는 증권사 부사장을 돌아보았다. 그는 지
금 브로드 가 40번지에 있는 새 빌딩이 들어서기 전의 건
물, 그러니까 아버지가 이 빌딩에서 뛰어내려 추락하였던
빌딩에 대해서 기억하고 있었다. 옛날 빌딩은 지금보다 10-
12층 정도 더 낮았다고 했다. 우리는 다시 엘리베이터 쪽으
로 걸어 나왔다.

우리는 나오는 길에 화장실에 들렀다. 부사장에 의하
면, 이 빌딩 23층 전부를 한 사무실로 개조 공사를 할 때에
도 화장실 위치만은 바꾸지 않았다고 했다. 아버지가 돌아
가시기 전, 여자 청소부가 마지막으로 아버지를 본 장소가
이 화장실이라는 걸 상기하며 나는 안으로 들어갔다. 화장
실은 낡아 보였다. 너무 낡아서 40년 전 10월의 그날, 그 자
리에 있었던 것과 똑같은 변기와 칸막이가 아직도 있는 것
같아 보였다. 나는 거울을 들여다보며, 이것이 아버지가 마
지막으로 자신의 모습을 비춰본 바로 그 거울일까, 그리고
이 거울을 통해서 무엇을 보았을까 생각해 보았다. 나는 혹
시 어딘가에 무슨 메시지나 표시가 있지는 않을까 하는 덧
없는 생각으로 화장실 벽과 천장, 바닥을 죽 둘러보았다.
역시 아무것도 남아 있지 않았다.

엘리베이터를 타고 내려오면서, 나는 나를 안내해 준
그 사람에게 다시 한 번 고마움을 표했다. 그는 그 자리에
서 내게 증권 투자를 하는지 물었고, 내가 몇 개의 뮤추얼
펀드에 약간의 돈을 투자하고 있다고 말하자, 그는 "그런

데, 무슨 과 의사십니까?" 하고 물었다. 에이즈 환자들을 돌보고 있다고 하자, 그는 "오!" 하면서 진지하게 고개를 끄덕였다. 잠시 후 그는 자기 명함을 한 장 건네면서 말했다. "저, 혹시 투자에 대해서 관심이 있으시면 바로 전화 주십시오." 악수를 나누면서 나는 다시 한 번 더 고맙다는 인사를 했다. 그리고 브로드 가로 걸어 나왔다. 갑자기 어디로든 갈 수 있을 것 같은, 그러나 갈 곳이 없는 것 같은 그런 기분이 들었다.

공기는 신선하고 맑았지만 차가워지고 있었고, 어둠이 빠른 속도로 맨해튼 금융가를 뒤덮고 있었다. 나는 잠시 동안 걷다가 다시 브로드 가로 발길을 돌려, 60번지에 있는 한 커피숍으로 들어갔다. 주문한 뜨거운 차와 머핀을 가져다주면서, 나이 지긋한 웨이트리스가 이렇게 말했다. "뜨거울 때 마셔요, 꼬마 씨. 날씨가 차가워지면 뜨거운 차를 찾게 되죠. 나갈 때 옷 따뜻하게 여미는 것 잊지 말아요." 나는 웃으면서 고맙다고 말했다. 그녀가 간 다음, 아버지는 인생 마지막 날의 산책길에서 이처럼 친절한 말 한마디라도 들었을까 하고 상상해 보았다.

커피숍을 나와서 밀물처럼 밀려드는 사람들 속에 섞여 월스트리트를 향해 걸어갔다. 그리고 주머니에 손을 찔러 넣고 한기를 막기 위해 옷깃을 여민 채 내가 지나온 브로드 가 30번지를 마지막으로 올려다보았다. 갑자기 집에 가고 싶다는 강한 충동이 일었다.

지하철을 타고 그랜드 센트럴 역으로 가 다시 기차를

갈아탔다. 창문 쪽에 자리를 잡고 앉아 있으니 몸은 기계적으로 움직이고 있었지만 마음은 평안했다. 역을 하나씩 지나칠 때마다 조금씩 집이 가까워지고 있었다. "집에 가야겠어." 아버지는 운명의 그날, 이런 말을 할 수 없었거나 하지 않았을 거라는 것을 알기라도 한 것처럼 나는 단호하게 중얼거렸다. 그때 나는 아버지의 삶과 죽음을 본능적으로 깨닫게 되었다. 아버지의 삶은 그날, 그때, 그곳에서 끝난 것이었다. 무슨 이유 때문이었는지는 모르지만, 아버지는 그렇게 선택하고 결심했으며, 그 후로는 어떠한 결정도 갈망도 투쟁도 없었다. 그러나 나의 삶은 그 후로도 계속되었다. 나는 맥박을 짚어 보았다. 강하게 그리고 규칙적으로 맥박이 뛰고 있었다. 손을 떼면서 나는 기차의 힘찬 덜컹거림과 움직임을 느껴 보았다.

내가 아버지와 함께 죽은 것도 같고 아닌 것도 같은 불확실한 느낌 속에서, 또 무의식적으로 혼자만 살아 있는 것에 대해 죄책감을 느끼면서, 나는 내 인생에서 얼마나 많은 시간을 허비해 왔던가. 워크숍을 비롯해 내가 겪었던 비애의 시간들, 그 모든 것이 바로 지금 이 순간을 위해 준비된 것이었다. 그 빌딩의 꼭대기에서 아버지를 떠나보낼 수 있었던 것은 내가 내 삶을 살아갈 수 있게 되었다는 상징적 의미를 지니고 있었다. 거기에는 이제 아무런 설명도, 아무런 정당화도 필요하지 않게 되었다. 각자 자기 집으로 돌아가는 수많은 사람들과 섞여 나는 편안함을 느꼈다. 그리고 어두운 차창 밖을 배경으로 기차 창문에 비친 내 모습을 보면서 가벼운 미소를 지었다.

집 앞에 도착했을 때는 여덟 시가 조금 지나 있었다. 드라이브를 즐기다가 잠깐 차에서 내린 사람처럼 나는 잠시 멈춰 서서 창밖으로 따뜻한 불빛이 새어 나오는 집을 바라보았다. 문을 열자 내 아이들의 활기찬 목소리가 들려왔다. 그날 밤, 나는 아이들의 체취와 그들의 감촉을 느끼며 평상시보다 아이들을 더 꼭 안아 주었다. "안녕히 주무세요, 아빠. 사랑해요." 내게는 아버지에게 이런 말을 할 기회조차 없었다는 생각이 들자 가슴을 저미는 아픔이 밀려왔다. 그러나 그날 밤 나는 존 버거의 책에 나오는 행운아처럼 행복하고 홀가분한 기분이었다.

*

이틀 후, 나는 워싱턴에서 열린 에이즈 강연회에 참석한 후 다시 비행기를 타고 뉴욕으로 돌아오고 있었다. 비행기가 라 구아르디아 공항[1]에 착륙하려고 활주로 위를 선회하고 있을 때, 나는 깔끔하게 잘 정돈된 묘석들이 줄지어 늘어선 드넓은 퀸즈 공동묘지를 내려다보았다. 비록 공중에서 확인할 수는 없었지만, 나는 아버지의 유골을 보관하고 있는 화장장이 이 공동묘지의 한쪽 끝에 있다는 사실을 기억했다. 비행기가 착륙한 후 집으로 가는 길에, 나는 충동적으로 그곳에 둘러보고 싶은 마음이 들었다. 공항에서 차로 10분 정도 되는 거리였고, 여러 번 가본 곳이라 길도 이미 익숙했다.

몇 년 전 나는 처음으로 아버지의 유골을 보관하고 있는 곳을 찾아갔었다. 인상적인 노란 벽돌 건물이었다. 아버지가 화장되었다는 것은 이미 알고 있었지만, 아버지의 유골이 그곳에 있다는 사실을 안 것은 그 얼마 전의 일이었다. 아버지의 부재를 더욱 철저히 깨닫기 시작했던 30대의 나이에 나는 그곳에 가봐야겠다고 결심했다.

아버지의 죽음에 관한 검사의 서류를 꺼내 놓았을 때처럼, 몇 번인가 슬쩍 어머니를 떠보았더니 어머니는 1955년에 공증 받은 빛바랜 증명서를 하나 꺼내 주셨다. 서류에는 아버지의 화장 유골 증명서라고 적혀 있었다(화장 유골이라는 말은 처음 듣는 단어였다). 증명서에는 화장장의 이름과 주소가 쓰여 있었다. 그러나 전화번호는 없었다. 전화국에 문의하자 안내원은 그런 이름이 등록되어 있지 않다고 했다. 나는 전화번호부에서 퀸즈 지역의 화장장을 찾아보았고, 다행히도 증명서에 적혀 있는 것과 같은 주소의 화장장 전화번호를 발견할 수 있었다. 전화를 걸어보니 이름은 바뀌었지만 기록된 그 회사가 그대로 있다고 했다.

몇 주 후, 나는 뉴욕 시의 지도를 들고 퀸즈로 향했다. 내가 태어난 곳이 퀸즈이기는 하지만 라 구아르디아 공항, 셰어 스타디움, 오래된 만국 박람회장 정도를 제외하면 예전의 모습 그대로 남아 있는 곳은 거의 없어 보였다. 지도가 없었다면 완전히 길을 잃고 말았을 것이다. 거리 표지판을 두리번거리며 몇 번이나 헤매고 나서야 그 화장장을 찾을 수 있었다. 작은 건물들이 여럿 모여 있는 그곳에 도착했을 때, 가장 먼저 눈길을 끈 것은 어떤 건물의 한쪽 모퉁이에 있는 커다란 굴뚝이었다.

아버지가 자살한 장소를 확인해 보고 싶어 브로드 가의 금융가를 찾아갔을 때 느꼈던 것처럼, 입구와 화장장 사무실에 들어설 때도 약간은 숙연한 기분이 들었다. 나는 접수처 여직원에게 아버지의 이름을 말하고 유골을 보고 싶다고 했다. 접수처 여직원은 웃으면서 커다란 장부를 가져와 손가락으로 한 사람 한 사람 짚어 가다가 아버지의 이름을 찾아냈다. "아, 여기 있군요. 627번, 평화의 방." 여직원은 내게 그 방에 가본 적이 있느냐고 물었다. 내가 없다고 하자 인터폰으로 장의사 한 명을 불러 주었다. 짧은 곱슬머리에 짙은 남색 옷을 입은 생기발랄한 여직원이 금방 나타났다. 그 여직원은 한쪽 팔에 고리가 세 개 달린 커다란 바인더를 들고 있었다.

그녀는 자신을 소개한 후, 바인더를 가리키며 말했다. "이걸 들고 다녀야 해요. 그렇게 오래된 방을 찾기는 어렵거든요." 우리는 '추모의 광장,' '고요의 방,' 그리고 몇 개의 숙연한 방들을 지나 마침내 '평화의 방'에 이르렀다. 다른 방들을 지나칠 때, 나는 바닥부터 천장까지 유리 상자가 죽 진열되어 있는 것을 보며 약간 놀랐다. 유리 상자들은 약 2피트 정도 깊이의 벽감에 안치되어 있어, 앞쪽 면만 볼 수 있게 되어 있었다. 유리 상자는 큰 것도 있고 작은 것도 있었는데, 큰 것은 크기가 몇 피트쯤 되었고, 그 안에는 사

진, 조화造花, 유품들로 장식된 화려한 도자기 유골 단지가
놓여 있었다. 가장 작은 것은 가로, 세로가 6인치도 안 돼
보여 우편함이나 신발 가게 뒤편에 놓인 신발 상자 더미를
연상시켰다.

'평화의 방'은 복도 끝의 눈에 잘 띄지 않는 곳에 있었
다. 사방 폭이 10피트도 안 되는 작고 어두침침한 방이었
다. 도서관 서고나 깊은 산골에서 겨우 찾아볼 수 있는, 타
이머 장치가 된 전등을 켜자 사방에 작은 금속판이 줄줄이
진열되어 있는 것이 보였다. 그 각각에는 유골 주인의 이름
과 날짜 두 가지가 새겨져 있었다. 대부분의 금속판은 뭉개
지고 변색되어 있었고, 간혹 새겨진 글씨를 알아보기 어려
운 것도 있었다. 조금 전에 지나오면서 본 것들보다 훨씬
더 우편함 비슷해 보이는 이 작은 직사각형 위에 새겨진 날
짜는 모두 1960년 이전이라는 사실이 눈에 띄었다. 문득 그
곳이 전혀 다른 시대에 속하는 잊혀진 매립지 같다는 생각
이 들었다. 육체를 한줌의 재로 바꾸어 납골함 속에 넣고
납골당에 있는 방으로 옮긴 후 오랜 세월을 정적 속에 내버
려둔 모습을 보면 말이다.

나는 아버지의 이름이 적힌 판을 찾기만 하면, 그것이
내 아버지가 실제로 존재했었다는 새로운 증거가 될 거라
는 생각을 했다. 벽에 있는 이름표들을 꼼꼼히 들여다보고
있는 동안 내 심장은 요동치듯 두근거렸다. 그렇게 몇 분
동안 아버지의 이름이 새겨진 금속판을 찾아보았지만 쉽
게 찾을 수가 없었다. 나를 안내하던 사람이 들고 있던 바

인더를 펼쳐 방들의 그림이 그려져 있는 기록장들을 휙휙 넘기기 시작했다. "어디 보자, 셸윈, 627번이라⋯. 여기는 파인버그, 글래스먼, 멘도자, ⋯ 아, 여기 있네요. 버코위츠 위쪽 오른쪽 구석에!" 나는 바인더 안의 위치를 확인하면서 구석 쪽을 자세히 들여다보았다. 정말로 벽 가장 위쪽 구석에 내 아버지의 이름이 새겨진 색깔 바랜 금속판이 있었다. 내가 그 이름을 올려다보고 서 있자, 안내원은 눈치 껏 자리를 피해 주었고, 나는 그 작은 방에 홀로 남겨졌다.

아버지의 유해가 여기, 시간을 잊은 방에 감춰져 있었다는 것, 심지어 아버지의 유골을 찾기 위해 지도를 봐가며 이 낯선 곳을 찾아왔다는 사실조차 내게는 의미심장하게 다가왔다. 아버지 이름을 보는 순간 전에는 현실이라고 생각되지 않던 것들이 모두 사실로 느껴졌다. 정말로 나에게도 아버지가 있었다. 아버지는 우리 가족 모두가 숨기기에 여념이 없었던 하나의 기억 이상의 의미가 있었다. 동시에 무관심 속에 방치해 놓은 비둘기 집 같은 납골함을 보고 있자니, 지난 40년 동안 이곳을 찾은 이는 아마도 내가 처음이 아닐까 하는 생각이 들면서 좀 더 밝은 곳으로 아버지의 유골을 옮겨야겠다는 충동을 느꼈다. 마음속으로 아버지와 이야기를 나누면서 '평화의 방'에서 삼십 분 정도 시간을 보낸 후, 관리 사무실로 되돌아와서 책임자를 불러 달라고 했다.

몇 분 후, 나는 나무 패널로 만든 사무실로 안내되어 화장장 관리자와 악수를 나누었다. 그는 동안의 삼십 대 남자

였는데, 가족들과 함께 여러 해째 이 화장장을 운영하고 있
다고 했다. 내가 아버지의 유골을 좀 더 찾기 쉽고 잘 보이
며, 사람들의 출입이 잦은 곳으로 옮기고 싶다고 이야기하
자, 그는 그렇게 하려면 여러 가지 조건들이 달라진다는 내
용을 설명해 주면서 나를 '평온의 방'으로 데리고 갔다. 그
방은 '평화의 방'보다 훨씬 넓고 밝았으며, 많은 유리 상자
들 앞에는 싱싱한 꽃들이 놓여 있었다. 나는 그에게 고맙다
는 인사를 하고 방을 옮기는 문제는 어머니와 상의해 보겠
다고 말했다.

    몇 주 후, 나는 어머니와 함께 다시 그곳을 찾았다. 어
머니는 나와의 이 여행에 흔쾌히 동의했다. 내 생각에 어머
니는 이 방문이 나에게 정신적인 평안을 가져다주리라고
기대했던 것 같다. 어머니와 나는 아버지의 유골을 어떤 자
리로 옮기는 것이 좋을지 살펴보았다. 가격은 가장 싼
1,500달러부터 가장 비싼 5,000달러까지 있었는데, 자리의
높이에 따라 가격이 달랐다. 우리가 고른 곳은 윗줄의 빈자
리였다. 우리를 안내하던 장의사는 벽면 아랫부분의 납골
함이 두 개는 들어가고도 남을 곳을 가리키면서, 약간은 유
들유들한 말투로 어머니에게 나중에 아버지와 함께할 수
있는 자리는 어떠냐고 물어왔다. 어머니는 마치 세상이 무
너져도 그런 일은 없을 것이라는 듯한 태도로 "아니요"라
고 대답하며 몸서리를 쳤다. 나는 어머니에게 같이 와주신
것만도 감사하다고 이야기한 뒤 장의사의 경솔한 말투에
화를 냈다. 장의사도 자기 의견을 계속 고집하지는 않았다.

우리는 사무실로 돌아가 몇 장의 서류에 서명을 하고, 어머니 앞으로 되어 있는 유골에 대한 권리를 내 앞으로 옮겼다(물론 나야 당연히 그렇게 하고 싶었지만, 그런 제안을 먼저 한 것은 어머니였다). 한 달 후, 나는 화장장에서 보내온 서류 한 통을 받았다. 거기에는 아버지의 유골을 새로운 자리로 옮겼음을 알리는 통지서와 함께 내 앞으로 이전된 유골 권리증이 들어 있었다. 이 서류들을 보면서 나는 언제든지 아버지가 있는 곳에 가볼 수 있다는 사실에 만족감을 느꼈다.

*

1995년 10월에 있었던 그 두 번의 방문을 생각하면서 나는 라 구아르디아 공항에서 퀸즈로, 그리고 다시 그 건물로 차를 운전해 갔다. 화장장에 도착해 차를 세운 다음, 철문을 지나 '평온의 방' 으로 들어가는 벨을 눌렀다. 벨이 울린 다음, 나는 계단을 내려가 수백 개의 작은 유리 상자들이 줄줄이 놓여 있는 방으로 들어갔다. 그곳은 이제 내게 더 이상 낯선 곳이 아니었다. 나는 "아론 셀윈, 1920-1955"라고 새겨진 번쩍이는 금속판이 유리 안쪽에 붙어 있는 갈색 납골함을 찾았다. 그것은 1년 전 내가 마지막으로 이곳에 와서 놓고 갔던 바로 그 자리, 손을 쭉 뻗은 채로 살짝 뛰면 손이 유리에 닿을락 말락하는 자리에 있었다. '평화의 방' 에서 '평온의 방' 으로 옮겼음에도 불구하고, 아버지는 여전히 접근하기 어려운 곳에 있었다. 그곳을 올려다보고 있자니 일부러 내 손에 닿지 못하게 한 것은 아닐까 하는 생각마저 들었다.

나는 아버지의 이름이 적힌 금속판을 올려다보았다. 그리고 아버지와 나의 관계도 시간이 흐르면서 변하고 있음을 깨달았다. 아버지의 출생일과 사망일을 보고 있자니, 내가 이미 아버지보다 6년이나 더 오래 살았으며, 아버지는 경험하지 못했던 중년의 신체적 변화를 이미 경험하기 시작했다는 데 생각이 미쳤다. 순간 내가, 아버지를 바라보며 어떻게 살고 있는지 알려 주는 아들이 아니라 동생을 대하는 의무감에 가득 찬 형 같다는 생각이 들었다.

나는 내가 더 나이 들었을 때, 마흔다섯, 쉰, 예순이 되었을 때, 또 여든이 넘었을 때를 상상해 보았다. 그때도 나의 아버지에 대한 기억은 언제나 서른다섯 살에 머물러 있을 것이고, 이 방을 찾아오기 위해 지금과 똑같이 대리석 계단을 내려와야 할 것이다. 할아버지가 아흔까지 사셨으니까 나도 그 정도까지 살 수 있다면, 나는 아흔 살이 되어 나의 손자가 되기에도 충분할 나이의 젊은 남자의 유해를 보기 위해 마지막으로 이곳을 들러볼 것이다. 그리고는 내가 가진 모든 기억과 추억, 즐거움, 그리고 슬픔에 작별을 고할 것이다. 그것은 상당히 만족스러운 느낌이었기 때문에 나는 오래도록 이러한 상상에 푹 빠져 있었다.

나의 바람과 상상은 또 다른 방향으로 옮겨가기 시작했다. 그 자리에 눈을 감고 서서 나는 갓 태어났을 때의 나로 돌아가 보았다. 그리고 다시 유아기, 유치원생, 초등학생, 바르 미츠바[2]를 치르는 소년, 사춘기 청소년, 그 다음에는 고등학생, 대학생이 되었다. 또 의대 시절의 나, 새신랑으로서의 나, 남편으로서의 나, 아버지로서의 나, 의사로서의 나, 에이즈 전문가로서의 내 모습도 그려 보았다. 내 인생에서의 이 모든 단계들이 마치 사진을 찍어 놓은 것처럼 머릿속에서 떠올라 서로 겹쳐졌고, 시간과 공간이 엇갈려 공존하면서 나의 내면으로 빨려 들어왔다. 그 순간 나는 아주 자연스럽게 아버지와의 연대감을 느꼈다. 그리고 내가 완전해져 간다고 느꼈다. 나는 이 모든 것을 아주 편안하게, 그리고 있는 그대로 받아들였다. 이제 나의 일부를 잃어버린 것 같은 그런 느낌은 들지 않았다. 상처는 사라지지 않는다. 그러나 상처가 아문 뒤에 생긴 흉터는 오히려 힘의 원천이 될 수도 있다. 나는 아버지와 나의 길이 서로 얼마나 달랐는지를 직감적으로 느낄 수 있었다. 그리고 마침내 아버지와 내가 어떻게 연계되어 있고 또 어떻게 다른지를 이해할 수 있고 설명할 수 있게 되었다.

그는 나의 아버지였다.
그는 죽었다.
나는 그의 아들이었다.
나는 살아 남았다.
나는 떨어지지 않고 살아남았다.

나는 다시 한 번 유해 보관함과 아버지의 이름이 새겨
진 석판을 올려다보며 고개를 끄덕였다. 그러고는 미소를
지으며 계단을 걸어 올라와 바깥으로 나왔다. 오후의 태양
이 밝게 빛나고 있었다.

옮긴이의 글

에이즈와 자살. 이 두 가지에 어떤 공통점이 있을까? 아마
도 대부분의 사람들은 '에이즈'도 '자살'도 자기와는 상관
없는 일이라고 생각할 것이다. 에이즈 하나만도 끔찍한데
자살이라니! 그러나 에이즈와 자살에는 많은 공통점이 있
다. 이 책의 지은이 셀윈에게는 특히 그렇다. 셀윈은 이 책
에서 한편으로는 에이즈에 대한 얘기를 하고 있고, 또 다른
한편으로는 자살한 아버지에 대한 얘기를 하고 있다.

　셀윈에게는 에이즈와 아버지의 자살이 서로 완벽히 맞
물린 톱니바퀴와 같아서 어느 하나를 제거하면 다른 한쪽
마저 기능을 잃게 된다. 셀윈이 이 책을 쓴 것은 어쩌면 에
이즈 환자를 치료하면서 아버지의 자살을 받아들이게 되
었다는 것을 밝히고 싶어서였는지도 모르겠다. 거꾸로 아
버지의 자살 덕분에 자신이 에이즈 환자를 헌신적으로 치
료하는 의사가 되었다는 것을 얘기하고 싶었을 수도 있겠

다. 어쨌든 이 두 가지가 얽히고설켜서 진행되는 일들을 살
펴보는 것이야말로 이 책을 읽는 묘미라고 생각한다. 그러
나 나는 이 두 얘기를 따로 떼어서 읽어도 좋다고 생각한
다. 에이즈는 에이즈대로 아버지의 자살은 자살대로.

　이 책에 대한 소개를 너무 무겁게 하고 있는지도 모르
겠다. 사실, 내가 이 책을 번역하는 동안 가졌던 느낌은 이
런 무거운 것이 아니었다. 오히려 그것은 따뜻하고 가슴 벅
찬 것이었다. 에이즈를 치료하는 의사로서 지은이의 태도
가 나를 충분히 감동시켰던 것이다. 물론 생후 18개월 때
아버지를 잃은 아이의 심정을 상상하면서, 또 그가 아버지
의 흔적을 찾아가는 여로에 동행하면서도 이 책의 지은이
와 같이 마음 아프고 설레었다. 그러나 내게는 그의 의사로
서의 태도가 더 많은 감동을 주었다.

　환자들이 자기에게 준 작은 기념품들과 사진, 편지들
을 간직하고 있는 의사는 많이 있으리라고 생각한다. 자기
가 혹시 돌보게 될지도 모를 스페인어권 환자들을 위해 스
페인어를 미리 배워 두는 의사도 있으리라. 그러나 죽음을
눈앞에 둔 환자들에게 자신이 줄 수 있는 가장 큰 선물이
환자에게 깊은 연대감을 보여 주는 것이라고 말하는 의사
는 얼마나 될까? 자신이 의대를 다니면서 배운 의술들은 병
을 정복하기 위한 것이 아니라 환자의 동료가 되어 주기 위
한 것이며, 환자에게 편의를 제공하기 위한 것이라고 말하
는 의사는 또 얼마나 될까? 유치원 시절에 품었던 그러나
두 번 다시는 품지 않았던, 흰 가운을 입고 청진기를 들이

대는 의사에 대한 존경이 이 책을 읽으면서 되살아났던 것
은 지은이의 바로 이러한 태도들 때문이었다.

셸윈은 "내가 나의 과거를 되돌아보고 과거의 상처를
극복할 수 있었던 것은 환자들과 함께 생활하면서 얻은 통
찰력 때문이었다"고 말한다. 이 문장에서 나는 셸윈에게
고마움마저 느꼈다. 환자를 이렇게 대하는 의사가 있는 한
이 메마른 세상에도 희망은 있다는 믿음! 자기 나라의 최고
수준의 의대를 졸업하고도 기꺼이 가난한 사람들을 위한
의사가 되기로 결심하는 사람이 있는 한 이 세상살이도 팍
팍하지만은 않다는 믿음!

셸윈이 에이즈 환자를 치료하고 또 자살한 아버지로
인한 자신의 상처를 치료해 가는 과정도 한 편의 드라마지
만, 셸윈이 돌본 환자들에 대한 얘기 하나하나도 한 편의
드라마다. 셸윈은 환자와 어떻게 만났고 그들이 어떻게 투
병하다 어떤 식으로 죽어 갔는지 기록하고 있다. 셸윈이 그
환자들을 보는 눈은 의사서로의 눈이라기보다 따뜻한 친
구의 눈이다. 그렇기에 환자들 한 사람 한 사람의 이야기에
는 깊은 사연이 있고 찡한 감동이 있다. 성미가 급한 사람
이라면 이 책의 2장에서 그러한 '드라마'를 미리 읽는 것
도 좋을 것 같다. 환자들의 사연을 읽다 보면 저절로 이 책
의 앞부분부터 다시 읽게 되리라 확신한다. 어떻게 이렇게
좋은 의사가 다 있는가 싶어질 것이고, 이 의사가 어떻게
이런 환자를 치료하게 되었나 살펴보자 싶어질 것이다.

이상에서 설명한 모든 것에 흥미가 없다면 이 책을 '에

이즈 치료의 역사'로 읽을 것을 권한다. 아니면 '에이즈 투병기'로 읽어도 좋을 것이다. 물론 이것은 지은이가 원하는 바는 아닐 것이다. 그러나 이 책은 이러한 점에 대해서도 풍부한 정보를 제공하고 있다. 우리들 대부분은 에이즈에 대해 잘 모른 채 막연히 불안한 것으로 여기고 있다. 책을 읽다 보면 에이즈에 대해서도 에이즈 환자에 대해서도 새로운 시각을 갖게 될 것이다. 한 줄 평이 유행이다. 이 책에 대해서 한 줄로 평하라면 역시 이렇게 말하는 것이 가장 좋을 것이다. "의사에 대한 신뢰를 회복하게 해준 책."

1. 몰두

1) Bronx, 뉴욕 시의 가장 북쪽에 있는 지역. 할렘 강을 경계로 맨해튼과, 이스트 강을 경계로 퀸즈와 인접해 있다. 빈민가로 유명하다.

2) Ethical Culture Society, 윤리적 교리는 종교나 철학적 신조에 기반을 둘 필요가 없다는 신념을 바탕으로 일어났던 운동. 지역 사회 활동을 통해 사회 복지를 향상시키려는 데 그 목적이 있었으며, 1876년 펠릭스 애들러의 주도 아래 뉴욕 시에서 시작되었다.

3) Grateful Dead, 여러 문화권의 민담에서 자기 자신을 묻어준 사람에게 선행을 베푸는 영혼. "구약성서"의 경외서인 토비트 서의 주제를 이루고 있는 것도 이에 대한 이야기이다.

4) Augusto Pinochet, 1915-, 칠레의 군인, 정치가. 1973년 9월 쿠데타를 일으켜 아옌데 정권을 전복하였다. 장기 집권에 성공했으나 지속적인 경제 위기와 국민들의 민주화 요구에 저항하다 1989년

에 대통령직을 사임하고 망명했다. 1998년 10월 영국에서 체포되
었으며 고문 및 고문 음모 혐의로 재판에 회부되어 스페인으로
이송되었으나 건강상의 이유가 받아들여지지 않은 탓에 2003년
3월 칠레로 귀국했다.

5) Salvador Allende, 1908-1973, 칠레의 정치가. 1970년 좌파 통일연
합 측의 후보로서 대통령에 당선되었다. 남아메리카 최초의 합법
적 사회주의 정권의 탄생이었으나 1973년 9월 군부 쿠데타 세력
에 의해 대통령 관저에서 살해되었다.

6) pax antibiotica, "항생제의 평화"라는 표현은 pax romana를 빗댄
것으로 항생 물질의 개발 경쟁이 치열했던 1950년대부터 1970년
대까지의 시기를 말한다.

7) Kaposi's sarcoma, 피부 전반에 나타나며, 천천히 자라나는 피부
종양의 일종.

8) GRID, gay-related immunodeficiency disease/syndrome, 동성애
와 관련된 면역 부전증. 후천성 면역 결핍증, 즉 에이즈의 초기 명
칭.

9) Eugene Victor Debs, 1855-1926, 미국의 노동 운동 지도자이며 사
회주의자. 1898년 사회민주당을 창설했고 1차 세계대전에 대한
반전 운동을 펼쳤으며 1905년에는 세계 산업노동자조합(IWW)
창립에 공헌했다. 성실성과 온화한 인품 등으로 정치적 신망이
높았다.

10) Norman Thomas, 1884-1968, 미국의 기독 사회주의자. 유진 뎁
스 사망 이후 사회민주당을 대표하기도 했으며, 세계대전에 대
한 반전 운동을 펼쳤다.

11) the Temptations, 1964년 3월에 앨범 Meet the Temptations를 출
시하였으며 현재까지 계속 활동중인 미국의 흑인 남성 5인조 그

룹.

12) pasteles, 돼지고기와 각종 야채, 바나나를 이용하여 만드는 푸에
르토리코 전통 요리.

13) empanadas, 속에 고기나 야채를 넣고 초승달이나 반달 모양으
로 빚어 구워낸 프랑크 족 전통 요리의 일종으로 중남미에서는
일상식으로 이용됨.

14) cilantro, 멕시코 요리에 주로 쓰이는 향신료로서 미나리과 식물
인 고수의 잎.

15) flan, 파이 껍질로 틀을 만들고 속에 과일이나 크림, 치즈 등을 넣
어 만드는 과자의 일종.

16) El Bronx, 영어의 간사인 'the' 대신 스페인어의 관사인 'el' 을
붙인 것은 브롱스에서도 스페인어 사용 인구가 그만큼 많은 곳
이라는 의미를 강조하기 위한 것.

17) delicatessen, 생고기가 아닌 햄이나 소시지 등 조리된 가공 육류
와 포장 샐러드 등을 취급하는 식료품점의 일종.

18) salami, 돼지고기나 쇠고기에 소금과 럼주, 그리고 각종 향신료
를 넣은 후 건조시켜 만드는 이탈리아식 소시지.

19) knishes, 유태인 요리의 일종. 다진 감자를 밀가루 반죽으로 싸서
튀기거나 구운 것.

20) trompe l'oeil, 속임 그림. 언뜻 보면 현실로 착각하게 하는 효과
를 노리는 그림.

21) methadone, 합성 마약의 일종으로 중독성이 낮고 금단 현상이
없기 때문에 주로 헤로인 중독자를 치료하는 과정에서 대체 약
물로 쓰인다.

22) HTLV-III, Human T-Lymphotropic Virus-type III, 에이즈를 유발
하는 바이러스의 초기 명칭 중 한 가지.

23) LAV, lymphadenopathy-Associated Virus, 에이즈를 유발하는 바이러스의 초기 명칭 중 한 가지. 분자 생물학적으로 봤을 때 HTLV-Ⅲ와 동일하다.

24) retrovirus, DNA에 유전 정보를 담고 있는 대부분의 바이러스와는 달리 RNA에 자신의 유전 정보를 담고 있는 동물 바이러스.

25) Human Immunodeficiency Virus, 인체 면역 결핍 바이러스. 즉 에이즈를 유발하는 바이러스의 현재 명칭.

26) 1956년 돈 시겔이 감독한 50년대 미국 공포 영화의 대표작으로, 잭 핀니의 소설이 원작이다. 외계에서 떨어진 식물의 씨앗 같은 존재가 주위의 인간을 복제하여 계속 대체해 간다는 내용이다.

27) borderline personality disorder, 정서ㆍ행동ㆍ대인 관계가 매우 불안정하고 변동이 심하며 과도한 집착, 이상화와 평가절하를 오가는 대인 관계 등을 보이는 이상 성격으로서 정상과 비정상의 경계선상에 있는 인격 장애. 평생 동안 계속되는 경우가 많으며 정신 분열증까지 발전하지는 않지만, 우울증으로 가는 경우는 많다.

28) chop shop, 훔친 자동차를 분해하여 그 부품만을 파는 장물 거래소

29) crack, 코카인을 정제하는 과정에서 생겨나는 작은 쌀알 모양의 마약.

30) 정신병자, 노인, 빈민 등을 가둬 두는 대형 공공 시설을 가리키는 속어.

31) cut, 이런저런 싸구려 각성제와 흥분제 등을 섞어 만든 합성 마약을 지칭하는 속어.

32) Adolph's Meat Tenderize, 미국에서 흔히 사용하는 식용 고기 연화제.

33) Daniel Defoe, 1660-1731, 『로빈슨 크루소』의 작가. 『대역병의 해』는 그가 62세가 되던 1772년에 발표한 작품이다.

34) 1664-65년에 런던에서 발생한 페스트로 약 7만여 명이 사망했다.

35) Gauloises bleues, 프랑스의 유명 담배 제조 회사 세이타SEITA에서 만든 담배.

36) slim disease, 아프리카의 에이즈. 몸이 마르고 열이 나는 것이 특징이다.

37) Joseph Mengele, 1911-1985?, 독일 아우슈비츠에서 수천 명의 수용자들을 가스실로 몰아넣고 유태인을 대상으로 온갖 생체 실험을 자행했던 의사로서 수용자들 사이에서는 "죽음의 천사"로 알려져 있었다.

38) mycobacterium avium, 감염되면 폐나 골수, 간 등에 영향을 준다.

39) cytomegalovirus, 약칭 CMV. 성인 대부분이 거대 세포 바이러스에 감염되어 있으나 대부분은 불현성으로 아무런 증세도 보이지 않지만, 장기 이식 환자나 악성 종양 환자, 그리고 면역 체계가 무너진 에이즈 환자의 경우에는 중요 감염증의 원인이 된다.

40) HIV wasting syndrome, 소모성이란 식이요법이나 특별한 신체 활동의 증가 없이 체중이 10% 이상 감소하는 것을 말한다. 에이즈로 진행한 HIV 감염자의 80% 정도가 소모성 증후를 보인다.

41) tuberculin skin test, 결핵의 양성 여부를 알아보는 검사.

42) cub scouts, 보이 스카우트 중에서도 8-10세의 어린 단원들의 모임.

43) Elisabeth Kübler-Ross, 스위스 취리히 출생. 미국에서 활동하는 정신과 의사.

44) grief, 죽음으로 인한 이별, 즉 사별에 직면했을 때 보이는 인지적
이거나 정서적인 과정.

45) Loremil Machado, 아프리카계 브라질인 댄서. 1975년 미국으로
건너가 활동했다.

46) Chaka Khan, 미국 일리노이 출신의 여자 R&B 가수.

47) Dennis Brown, 자메이카 출신의 레게 가수.

48) Yellowman, 자메이카 출신의 레게 가수.

49) Azydothymidine, 일명 지도부딘. 완치 효과는 없으나 HIV가 에
이즈로 진행되는 속도를 늦추어 주기 때문에 치료제로 쓰이고
있다.

2. 연계

1) demerol, 합성된 마취 · 진통제인 메페리딘meperidine의 상표.
통증 완화와 항경련성 작용을 하며 중독성이 강하다.

2) Luck of the draw, 로데오 경기에서 가장 높은 점수를 받을 것으
로 예상되는 동물.

3) China White, 순도가 아주 높은 백색 헤로인을 지칭하는 미국식
속어.

4) fentanyl, 비교적 싼 가격의 진통제로서 중독성이 있다.

5) Percocet, 마약성 진통제인 옥시코돈과 아세트아미노펜의 혼합제
로서 미국에서 판매될 때의 상표명이다.

6) valium, 신경 안정제나 근육 이완제로 쓰이는 마약성 약품.

7) darvon, propoxyphene hydrochloriden의 상품명, 중추 신경계에
작용하는 진통제의 일종으로 마약성 약품.

8) hematocrit, 전체 혈액에서 적혈구가 차지하는 비율.

9) Medicaid, 저소득층이나 신체 장애인을 위한 의료 보조제도.

10) lard, 돼지의 지방을 정제해 일반적인 동물성 지방과는 달리 식물성 지방처럼 상온에서도 액상 형태를 유지한다. 특수한 향기가 있기 때문에 특히 중국 요리에 많이 쓰인다.

11) Abercrombie and Fitch, 미국 남녀 캐주얼웨어 전문 매장으로 헤밍웨이가 그곳의 사파리를 입으면서 유명해졌다.

12) William Seward Burroughs, 1914-1997. 미국의 소설가. 하버드대를 졸업하고 유럽의 여러 지역을 떠돌면서 신문 기자, 사설탐정, 해충 구제업자 등 온갖 직업을 전전하다가 뒤늦게 작가 생활을 시작했다. 15년 동안이나 마약에 중독되어 있었으며, 그 경험을 바탕으로 쓴 대표작이 『벌거벗은 점심 *The Naked Lunch*』이다. 2차 세계대전 후 비트파 문학의 지도자로 알려져 있다.

13) AZT가 미국 식품의약국에 의해 에이즈를 직접 공격하는 공식적인 약품으로 인정받은 것은 1987년 3월의 일이다.

14) barbiturate, 과거에 수면제로 많이 쓰였던 약품으로 과용했을 경우 말이 어눌해지고 균형 감각을 잃으며 심하면 호흡 곤란이나 혼수상태, 뇌사 상태에 빠지게 된다.

15) 피부 밑에 벌레 등이 기어 다니는 것처럼 느껴지는 증세. 마약 중독자에게 나타나며 극심한 가려움증을 동반한다.

16) fungal infection, 곰팡이에 의해 피부에 발생하는 감염증의 통칭.

17) 대뇌 반구의 일부로 외부에서 보기에는 이마 바로 뒤쪽에 있다. 포유동물 중에서 고등한 동물일수록 이 부분이 잘 발달되어 있는데, 인간의 전두엽은 특히 그 발달이 현저하다. 높은 정신 작용이 이루어지는 곳이 아닐까 추정된다.

18) toxoplasmisis, 원충인 톡소플라스마 곤디Toxoplasma gondii의

감염에 의해 발생하는 인수 공통의 전염병. 감염되어도 불현성
으로 지나치는 경우가 많지만 어린 동물이나 인간에게서 발현하
는 경우에는 발열, 식욕 부진, 호흡 곤란, 설사, 경련, 기립 불능
등의 증세를 보이며, 태아 감염의 경우 소두증이나 수두, 지능 장
애 등 주로 중추 신경계를 침해하는 병증을 나타낸다. 가축을 숙
주로 삼을 때 그 대상 범위가 워낙 넓기는 하지만, 병원균이 물에
약하므로 깨끗이 씻는 것으로 예방책이 될 수 있고, 고기를 먹을
때는 완전히 익혀 먹는 것이 좋다.

19) lymphoma, 림프구의 수가 과도하게 증가하는 암의 일종으로 림
프절 종대, 비종대 등의 증상을 나타내며, 방사선이나 항암제를
사용하여 치료한다.

20) 1903년 설립된 미국의 오토바이 제조 회사. 그 제품은 모두 손잡
이가 높고 좌석과 손잡이 사이가 멀게 디자인된, 아메리칸 스타
일의 대명사이다.

21) straight, 아무런 약물도 사용하지 않는 상태를 가리키는 미국 속
어.

22) Cherokee, 북아메리카 남동부, 애팔래치아 산맥 남부에 거주하
는 북미 인디언의 한 종족. 북미 인디언 중 유일하게 문자를 가진
종족이었으며, 현재 미국 오클라호마 주의 보호 지역에서 살고
있다.

23) freebase, 연기가 물을 통과하도록 되어 있는 특별한 파이프로 피
우는 담배형 코카인.

24) Richard Pryor, 1940-, 미국의 유명한 흑인 영화배우이자 TV 프로
그램 진행자, 코미디언, 작가. 1980년 프리베이즈 코카인에 취한
상태에서 불 속에 뛰어들었다가 전신 화상을 입고 병원에 실려
가는 사건을 일으켰다.

25) bag of shit, 미국 속어. 단어 뜻 그대로 하면 '똥주머니'가 되므로 여기서 베티는 약간의 말장난을 하고 있다.

3. 발굴

1) Robert Bly, 1926-, 미국의 현대 시인.

2) Jimi Hendrix, 1942-1970, 1964년 영국에서 첫 번째 앨범을 발표했고 펑크 R&B와 하드록을 접목시킨 독특한 음악 스타일을 추구했으며 수많은 사운드 이펙트를 창출해 낸 미국 출신의 흑인 기타리스트. 일렉트릭 기타의 태두이자 가장 혁신적이고 창조적인 기타리스트였으나 27세의 나이에 약물 과용으로 요절했다.

3) Doors, 1960년대를 풍미한 미국의 사이키델릭 록 밴드. 1967년 1월 첫 번째 앨범을 발표했고, 다른 밴드들과는 달리 약물 자체가 음악의 중심이 아니었다는 점에서 약간 구별된다. 과격한 라이브 방법과 외설적인 행동 등으로 구설수에 오르다가 1971년 리더이자 보컬인 짐 모리슨(Jim Morrison, 1943-1971)이 약물 과용에 의한 심장마비로 사망한 후 1973년 완전 해체되었다.

4) Mother Jones, 1830-1930, 미국의 노동 운동가 메리 해리스 존스 Mary Harris Jones의 애칭.

4. 재건

1) La Guardia Airport, 뉴욕 북동부에 있는 공항으로 캐나다 왕복기와 미국 국내선이 다닌다.

2) Bar Mitzvah, 13세가 되는 소년을 위한 유대교의 성인식. 소녀는
   바트 미츠바Bat Mitzvah.